装配式建筑建造系列教材

装配式建筑工程质量检测

主　编　甘其利　陈万清

副主编　王　维　刘天姿　陶　琴

参　编　黄启铭　王　雨　卢　祥

西南交通大学出版社

·成　都·

图书在版编目（CIP）数据

装配式建筑工程质量检测 / 甘其利，陈万清主编
. 一成都：西南交通大学出版社，2019.8（2022.1 重印）
装配式建筑建造系列教材
ISBN 978-7-5643-7106-7

Ⅰ．①装… Ⅱ．①甘… ②陈… Ⅲ．①装配式构件 –
建筑工程 – 工程质量 – 质量检验 – 高等学校 – 教材 Ⅳ．
①TU712.3

中国版本图书馆 CIP 数据核字（2019）第 188487 号

装配式建筑建造系列教材
Zhuangpeishi jianzhu gongcheng zhiliang jiance

装配式建筑工程质量检测

主　编／甘其利　陈万清

责任编辑／姜锡伟

助理编辑／王同晓

封面设计／吴　兵

西南交通大学出版社出版发行
（四川省成都市金牛区二环路北一段 111 号西南交通大学创新大厦 21 楼　610031）
发行部电话：028-87600564　028-87600533
网址：http://www.xnjdcbs.com
印刷：成都中永印务有限责任公司

成品尺寸　185 mm×260 mm
印张　11.75　字数　294 千
版次　2019 年 8 月第 1 版　印次　2022 年 1 月第 2 次

书号　ISBN 978-7-5643-7106-7
定价　35.00 元

前　言

伴随着世界城市化快速发展的趋势，我国也处于城市化快速发展的时期，政府需要为人民提供更高品质的住宅和更好的生活条件。从 20 世纪 60 年代开始，我国即开始了装配式建筑的尝试和努力，并取得了一些成果。随着建筑行业转型、升级，在建筑产业现代化发展的新形势下，为实现建筑四个现代化——建筑信息化（BIM 技术）、建筑工业化（装配式建筑）、建筑智能化（测量机器人和测量无人机）、建筑网络化（基于互联网＋手机 APP 施工质量控制）目标，土木建筑类相应专业将进行专业结构调整、专业转型，以适应现代建筑产业化的发展。

本书以"管理型＋实践型"施工现场专业人员的培养为目标，内容力求达到"以实践为目的，以突出重点为原则"的目标。装配式建筑具体包括装配式建筑材料检测、装配式混凝土结构质量监测、装配式钢结构质量检测、装配式木结构质量检测、内装围护结构及设备管线系统检测，本书重点针对各类型装配式建筑在施工前、施工中和施工后验收三阶段的设备、材料和构件的质量检测，系统介绍了装配式建筑工程质量检测的基本原则、方法和主要内容。

由于我国近几十年装配式混凝土结构发展停滞，很多技术人员对装配式混凝土结构的设计、施工、验收、维护和管理等比较陌生，对相关的技术内容也不熟悉。本书内容涵盖装配式建筑质量检测的新型技术和新方法，可作为职业教育高校学生的教材，同时也可作为从事装配式建筑工程质量检测的技术人员、管理人员等的专业参考书。全书共 6 章，其中，第 1 章由刘天姿编写，第 2 章、第 5 章、第 6 章由甘其利编写，第 3 章由王维编写，第 4 章由陈万清编写。建议教学学时 32 学时，其中理论学时 16 学时，实训学时 16 学时。

本书在编写过程中，得到了上海宝业集团陈鹏工程师和重庆建科院曹淑上所长的指导和帮助，在此一并表示感谢。

由于编者的水平有限，书中的疏漏和不足之处在所难免，敬请读者谅解，恳请读者批评指正。

编　者

2019 年 1 月

目　录

1 绪 论

1.1 建筑工程质量检测概述

房屋建筑是人们赖以生存的重要基础保障，在生活和生产中都涉及。随着我国建筑业飞速发展，大家对基础设施的建设也有了更高的要求，建筑业在发展中的质量问题，受到了社会各界的广泛关注。近年来，我国的经济高速发展，城市化的进程进一步加快，居民的收入水平有了很大的提高，建筑工程质量的好坏不仅对人们的生命财产安全有着重要的意义，同时也对工程项目的经济效益有着重要的影响。因此，人们对建筑物各类性能的要求提高了，进而就对建筑工程质量检测水平有了更高的要求。为保证工程质量，通过建筑工程质量检测，可以有效监督建筑工程质量，规范建筑工程行业水平。

为促进建筑行业的长远发展，质量检测是建筑施工的重要工作，地位非常突出。但在工程质量检测中，如何加强质量的检测，促进工作的顺利开展，又是一项非常复杂的问题，需要各个部门和各方的共同努力。

1）建筑工程质量检测的重要性

（1）有效保障建筑工程质量安全。

目前，建筑工程质量检测已经成为建筑工地工作的重要组成部分，在建筑工程建设的不同环节、不同时间内起着不同的作用，对于工程建设的不同内容的检查，能够保障工程质量的不同角度得到保障，在出现任何问题的时候可以实现及时有效的补救和纠正，能够防止大部分的建筑工程质量问题，同时可以收到委托方较为满意的验收。

（2）有效规避安全风险。

通过施工前对建筑工程器械（如搅拌机、运输器械）的检查可以降低施工人员的安全风险，通过对建筑工程原料（如水泥、沙子、钢筋等）的前期检测可以有效防止工程建设中不可逆的风险；建筑建设期间对施工人员的工程技术、操作规范及一些特殊工序的检测，工程建设完工后对建筑工程整体质量的检测可以有效保障建筑工程的质量安全，规避经济风险。

2）建筑工程质量检测的意义

进入 21 世纪以来，我国逐年增长的固定资产投入已达到每年数万亿人民币的规模，其中约 60%要通过工程建设活动转化为固定资产。各类工业和科技发展项目、民用公共设施乃至居民住宅的实现，都离不开工程建设。可见，工程建设在国民经济中起着举足轻重的作用。而建设工程的质量又是工程建设的生命线，因为它不仅关系到工程的适用性和国家建设资金的有效使用，也直接关系到人民群众生命财产安全，是构建社会主义和谐社会的重要因素，所以，控制建设工程的质量至关重要。为此，政府建立了对工程质量的监督管理机制，其中，建设工程质量检测工作是其重要方面。建设工程质量检测是指根据科学原理，按照标准、规范或约定的方法通过仪器设备检测分析，获得代表工程质量特征的有关数据，从而评价建筑材料和工程质量的专业技术活动。可见，建设工程质量检测工作是工程建设的重要监督手段，是掌握工程质量信息和控制工程质量的技术保证，对建设工程的质量安全具有重要意义。其意义主要体现在以下几方面：

① 为杜绝不合格建筑材料进入建筑工地提供技术依据；

② 为施工过程的质量保障体系提供技术支持；

③ 为竣工建筑物的质量评定与验收提供技术依据；

④ 为既有建筑物的安全性提出鉴定意见或危险预告；

⑤ 为建筑工程事故查找技术原因。

1.1.1　传统建筑工程质量检测发展现状

建筑工程质量检测目前的发展主要存在以下几个方面的问题：

1）对房屋建筑工程质量检测工作重要性认识不足

当前，建筑工程施工中，相关管理人员对于工程质量检测不够重视，甚至只将工程质量检测看作工程资料的一部分，没有真正认识到质量检测对于工程项目质量的重要性。如果施工企业缺乏这方面的重视和关注，就很难发挥出质量检测的现实意义，难以在具体的工作中贯彻落实，导致不合格材料被应用于施工建设，对工程质量造成不利影响。

2）过分依赖政府机构

在现代化建筑工程中，对于工程质量检测工作与一定的强制性要求，已经发展成具有行政政策特点的模式。在国家对工程质量进行规范和管理的实施下，政府部门对房屋建筑工程质量检测的引导已经成为建筑行业发展的关键所在，房屋建筑工程在质量检测工作中对政府部门过度依赖，如果缺少政府监管甚至会成为一盘散沙。检测机构作为房屋建筑工程质量检测的重要执行单位，对其进行资格认证和资质管理也是国家政府部门管理中的重要组成部分，国家通过对检测机构实施管理达到对建筑行业的干预和控制。当前，检测机构的发展受到国家政策的严重影响，政府机构在对建筑业进行把控中，容易形成检测市场的垄断现象，造成建筑检测质量方面的问题，严重阻碍了检测技术的发展和房屋建筑检测质量要求。

3）检测技术人员专业素质低下

由于建筑工程的质量检测对房屋建筑工程的顺利发展具有重要意义，检测人员的技术水平和职业素养是非常重要的。检测人员应该具有工程或相关专业的基础知识，并取得岗位从业证书，在扎实的理论基础上结合实际工作，才能充分发挥出检测的重要目的。然而，当前很多建筑检测人员并不是专业出身，而且也不是相关专业的从业人员，不管是在基础知识方面还是实践操作方面都很难达到职业要求，检测人员的技术水平有待提高，人员的技术水平严重影响房屋建筑工程质量检测的效果。

4）质量检测工作中材质的问题

（1）试样问题。

目前检测市场中较为普遍的检测过程是：施工企业和单位选择一袋水泥、一些砂石、一根钢筋等施工材料送给检测机构作为试样材料进行检测工作。这样的试样材料的质量即使检测报告合格，也不能代表施工所用的材料质量是否合格。我国相关部门就建筑工程的材料质量检测工作中有明确说明，试样材料的选择要具有准确性和代表性。施工材料的质量检测工作是为了确保施工现场材料的质量，而不是为了给施工企业出具一份材料质量合格证明书。

（2）取样问题。

在目前的施工现场中，各个施工环节和施工阶段的购置材料都是分批分期的，致使施工材料的批次、厂家都存在差异，这时就需要对每批次的施工材料都做好取样质量检测工作，若落下某一批次材料的质量检测工作，就可能造成部分施工环节的材质问题，进而引起整个建筑工程的质量隐患。

5）质检机构体制不健全，设备技术落后

（1）质检体制的不健全。

虽然我国政府及相关部门对质检工作的操作流程提出了规范、明确的要求，但我国检测市场的部分质检机构内部质量检测技术管理体制的不健全和工作人员的服务意识较为薄弱，致使目前的质检试验中存在较大的问题，不仅加大了质检工作的难度，同时更是严重制约了施工企业的实际施工效率。

（2）设备技术的落后。

质检机构受国家政策的长期保护，致使机构内部管理人员和基础人员长期处于松懈的工作状态，致使机构机械设备陈旧，相应设备的技术水平也较低，操作人员的操作不规范，制约了质量检测工作的有效开展和合理运行。

6）改善意见

针对以上问题，可以从以下几个方面进行完善。

（1）提高对房屋建筑工程质量检测重要性的认识。

结合目前我国的建筑业发展状况来看，建筑工程质量检测还没有形成完善的质量检测体系，针对这一现象，相关部门必须加强重视，提高对工程质量检测重要性的认识，引进先进国家建筑工程质量管理体系，结合本地区的具体情况，进行有效监督和管理工作。建立一套完整的工程质量检测标准，提高房屋建筑工程质量检测水平，这样不仅可以强化建筑材料的安全使用，还能够提升建筑工程项目整理，实现建筑工程质量检测与建筑行业的和谐发展。

（2）积极转变政府职能。

政府在对工程质量检测进行干预的过程中，应该确保维持市场的秩序稳定，促进检测工作的顺利进行。不可强制性的过度干预，这样不仅达不到理想的效果，甚至会出现反作用，降低工程项目的工作效率。政府部门在当前建筑市场中，应该作为重要的管理者与监督者出现，注意过程中干预方法和干预手段的落实，避免影响检测行业的合理竞争机制，确保工程质量检测的准确。另外，政府部门在工程质量检测监督的位置上，还要注重市场调节与服务，提高工程质量检测标准，更好地促进市场经济的稳定运行。

（3）提高检测技术人员的专业素质。

当前社会发展中，人才是企业竞争力的象征，在这种环境中，企业如果想占据一席之地，就必须提高对专业人员的投入与培养。工程质量检测作为项目建设的重要基础保障，对相关技术人员进行综合素质与专业水平的管理、培训，能够提高工作效率，发挥主观能动性，促进检测工作的技术水平，确保工程质量检测结果安全、准确，为企业创造更多的经济效益。

（4）提高抽样和样品检测效率。

抽样检测是确保工程项目施工质量的重要手段，必须要注重这个环节的检测工作，施工单位委托的抽样检测人员应该具有良好的职业操守和责任心，熟悉取样、抽样方法和流程，严格按照相关技术标准进行工作。另外，施工单位还应该有专门的质量监督部门，落实抽样检测人员的抽样和检测工作，降低过程中的失误和问题。质量监督管理部门对抽样和见证人员进行监督和培训，提高工程质量检测的公平、公正、准确，为房屋工程建设提供有力的技术支持。

1.1.2　装配式建筑工程质量检测发展前景

1）预制装配式建筑的现状

（1）预制装配式建筑的发展背景。

国务院于 2013 年 1 月在《绿色建筑行动方案》中明确要求推广适合工业化生产的预制装配式混凝土、钢结构等建筑体系，加快发展建设工程的预制和装配技术，提高建筑工业化技术集成水平。建筑工业化就是采用工业化的预制装配技术，选用合理的可装配式结构体系，将主要构件和部品在工厂按工业化、精确化、标准化的模式预制生成，再运输到现场进行就位与装配的建造过程。简单地说，就是将传统的现场现浇结构构件工作转移至工厂批量化生产而成。构件的工业化制作取代了传统建筑业中水平低下的、效率不高的、分散的手工业等方式，符合目前我国正在推广实施的建筑产业化政策。通过预制和装配技术整合各项材料，构件和结构技术，提高结构性能的同时，提升建筑工业化技术水平，对我国建筑工业化的进程起到了重要促进作用。自 2016 年 9 月国务院办公厅发布《关于大力发展装配式建筑的指导意见》以来，截至 2017 年 3 月，全国 30 多个省区市推出装配式建筑的相关政策。政策指出，要求"十三五"期间（2016—2020）装配式建筑占新建建筑的比例 30% 以上；新开工全装修成品住宅面积比率 30% 以上。"十四五"期间（2021—2025）装配式建筑占新建建筑比例要达到 50%；全面普及成品住宅，新开工全装修成品住宅面积比率在 50% 以上。

随着中央和各级地方政府相继出台各项利好政策，装配式建筑行业迎来了黄金发展期。在前不久住房和城乡建设部（以下简称"住建部"）印发《"十三五"装配式建筑行动方案》确定工作目标，要求到 2020 年，全国装配式建筑占新建建筑的比例达到 15%，其中重点推进地区达到 20%，积极推进地区达到 15%，鼓励推进地区达到 10%。鼓励各地制定更高的发展目标。建立健全装配式建筑政策体系、规划体系、标准体系、技术体系、产品体系和监管体系，形成一批装配式建筑设计、施工、部品部件规模化生产企业和工程总承包企业，形成装配式建筑专业化队伍，全面提升装配式建筑质量、效益和品质，实现装配式建筑全面发展。到 2020 年，培育 50 个以上装配式建筑示范城市，200 个以上装配式建筑产业基地，500 个以上装配式建筑示范工程，建设 30 个以上装配式建筑科技创新基地，充分发挥示范引领和带动作用。

（2）预制装配式建筑的应用状况。

20 世纪 80 年代初期，建筑业曾经开展了一系列新工艺，如大板、升板体系、预制装配式框架体系等。对建筑工业化发展起到了有益的推进作用。但在这些有益的实践之后，受到当时经济条件的制约，许多技术性问题未能得到及时解决，所以，装配式结构体系未有大规模的推广。目前，一些地区只是楼板用初级的预制产品，主要的结构构件均采用现浇体系，在地震设防区基本全部采用现浇结构。另一方面，因为对装配式结构的研究也比较缺乏，所以没有强有力的科研支持，必然导致一部分设计者对装配式建筑的不认可，甚至抵制。

（3）预制装配式建筑的优势。

与传统现浇混凝土结构相比，预制装配式结构主要有如下不可替代的优势：

① 装配式建筑构件在工厂生产中，可减少现场湿作业，还可以充分利用工业废料，大幅减少水电、木材、钢材等资源能源的占用和消耗，减少建筑垃圾，节省劳动力，施工时间比传统施工方法缩短三分之一，还能有效降低污染、粉尘排放和安全事故发生率。

② 提升建筑质量和性能。预制构件的工厂化生产能有效控制质量，提高建筑抗震和节能保温性能、减少传统现浇施工方法的质量通病，工程质量能得到可靠保证。

③ 劳动生产率大幅度提高。装配式结构施工以构件安装为主，主要依靠机械完成作业。同时，构件生产不受季节、温度影响，施工周期缩短，劳动强度降低，生产效率显著提高。而且，装配式结构可以连续地按顺序完成工程的多个或全部工序，实现立体交叉作业，减少施工人员，提高工效。

④ 基本实现设计模数化、标准化。针对户型优化设计，进行模数化、标准化复制设计和生产，效率更高、更好，尤其适合保障性住房标准化建设，以及中小户型住房建设。

2）装配式混凝土结构建筑质量检测

为了使装配式混凝土整体性能够稳定有效的复合，需要在设计阶段进行抗震性能的验算。采用的构配件、饰面材料须结合本地条件及房间的使用功能，并要求融入新材料、新工艺。同时运用耐久、防水、防火、防腐及防污染的做法，充分体现装配整体式建筑的特色。在这个施工中所用到的夹心外墙板、外叶墙等均应采用无机、硬质阻燃的颜料，同时满足力学的基本性能要求。现场装配精度的控制，分为现浇部分与构件装配部分。应该在其综合部分留出后浇带，对于现浇部分也要进行合理的尺寸控制，包括垂直度等，吊装、定位时应该随时进行微调，确保构件正中而准确、各指标符合设计要求。

注意构件连接工艺及节点质量的控制，节点控制的好坏对 PC 结构建筑质量起着重要的作用。对于 PC 结构的防雨、防漏、防裂性能更要严加注意。构建连接件的各项指标应符合产品标准要求，钢筋保护层等确保符合设计的要求。保证预制构件应用准确，并安装到位，现浇混凝土节点质量也要在监制中确保合格。

3）混凝土结构质量检测的主要内容和检测技术

（1）强度检测。

在对建筑物鉴定和加固改造时，构件材料强度的测试是必不可少的项目。构件材料强度的检测包括混凝土强度、钢材强度、砂浆强度、砖的强度、砌体强度和木材强度等。混凝土强度的检测是国内外发展较早的检测项目，也是公认比较成熟的技术。

目前常用的混凝土强度的检测方法有回弹法、超声法、超声回弹综合法、钻芯法、后装拔出法、贯入法和冲击回波法等，尽管关于混凝土强度的检测方法比较多，但在实际检测实践中采用较多的是回弹法和钻芯法或经钻芯修正的回弹—钻芯综合方法。

（2）缺陷检测。

混凝土结构的缺陷可分成混凝土缺陷和混凝土中埋入件的缺陷。

① 混凝土缺陷。

混凝土缺陷包括酥松、漏振、蜂窝、孔洞和裂缝等。对于这类缺陷，国内虽然已有相应的标准，但是对于某些构件，目前尚无合适的测试方法，如高层建筑基础中的大体积、密配筋构件极易出现混凝土缺陷。国内外正在进行一些测试方法的研究和工程实践。雷达波法、冲击回波法和渗透法是目前得到较好发展的测试方法。

② 混凝土中埋入件的缺陷。

混凝土埋入件主要用于预应力管道灌浆饱满程度的测试。一些国家的规范已规定，凡是后张预应力管道都应进行灌浆饱满程度的检测。我国正在修订的有关规范也有此项要求。因此，无论是在施工工程还是已有建筑或桥梁都面临这个问题。

（3）钢筋配置。

钢筋配置情况测试主要是混凝土构件的钢筋。目前主要采用电磁感应法和雷达波法测定构件中的钢筋，其中雷达波法测试速度较快，电磁感应法测试速度相对较慢。一方面，这两种方法都不能准确地测试钢筋直径，当需要钢筋直径准确数值时，必须结合开凿实地检查；另一方面，这两种测试方法均不能测定节点区的钢筋和构件中钢筋的连接情况。

（4）构件损伤。

构件的损伤情况包括钢材的锈蚀量、混凝土和砌体构件表面的腐蚀损失量和灾害损伤程度等，构件的损伤情况关系到构件承载力。钢筋锈蚀的定性测试方法主要有电化学方法，混凝土的腐蚀情况测试还没有合适的无损检测方法。

4）装配式建筑混凝土质量检测现状

随着装配式建筑混凝土在建筑行业内的广泛应用，为了提高装配式建筑混凝土整体的稳定性和符合性，要求对装配式建筑混凝土进行质量检测。当前对于装配式建筑混凝土质量检测的主要内容是要求从设计过程、现场装配两个方面进行控制管理。目前的装配式建筑混凝土设计质量检测首先要求设计过程中进行抗震性能的验算，首先，要求采用的构配件和饰面材料中拥有新材料和新工艺，从而达到防腐、防污染等绿色做法，同时运用耐久、防水、防火、防腐及防污染的做法，充分体现装配整体式建筑特色，在这个过程中，可以模拟地震力的作用下 PC 结构的承载能力；其次，对于现场装配的质量检测主要集中在对装配精度的控制上，主要分为现浇部分和构件装配部分，要求对现浇部分出现的尺度、角度、温度等进行调整，使各项指标符合设计要求。注意构件连接工艺及节点质量的控制，节点控制的好坏对 PC 结构建筑质量起着重要的作用。对于 PC 结构的防雨、防漏、防裂性能更要严加注意。构件连接件的各项指标应符合产品标准要求，钢筋保护层等确保符合设计的要求。总体来说，当前对装配式建筑混凝土质量检测整体状态较好，但是仍存在部分细节问题，导致对装配式建筑混凝土质量检测的力度不足，个别质量问题存在影响整体建筑施工的质量和效率。

第一，质量检测人员专业性不足。

这主要是由于目前装配式建筑混凝土质量检测的标准仍是国际同行的版本，随着建筑施工和国家相关标准的提升，这些检测人员的技术水平达不到标准，培训力度不够。

第二，是缺少完整的检测监管体系。

对装配式混凝土结构的质量检测，要求具有一个标准体系，同时要求能够加强对检测的监督管理，避免出现检测事故。一方面，是建筑施工方为了赶工期，忽视了装配式混凝土的检测工作；另一方面，检测人员受到利益的诱惑，容易忽视质量检测或是对一些质量上的问题视而不见。

5）装配式建筑混凝土质量检测控制手段

装配式建筑混凝土结构质量检测后实现控制的手段主要有两个方面。

第一，预制混凝土构件企业做好生产环节质量控制。

预制混凝土构件企业做好生产环节质量控制要求从多个方面入手。首先是要求按照《混凝土结构工程施工质量验收规范》（GB 50204—2015）等相关标准，对水泥、骨料、外加剂各种原材料进行进厂复检；预制构件的连接技术是装配式结构关键的核心技术，预制混凝土构件企业在生产过程中要对同一生产企业、同一规格的原材料进行随机抽样调查，每500个接头为一个验收批，每批随机抽取 3 个制作灌浆套筒连接接头试件进行抗拉强度检验，在一个验收批中连续检验 10 个样品；同时每 500 个接头留置 3 个灌浆端进行连接的套筒灌浆连接接头试件，用来施工现场制作相同灌浆工艺试件。其次是要求对生产环节中的不同原材料预制采用不同的国家行业现行标准。如对于钢筋的质量控制要求其能够符合国家现行标准中的力学性能指标规定以及结构耐久性的要求，如套筒灌浆连接和浆锚搭接连接的钢筋应采用热轧带肋钢筋，极限强度标准小于 500 MPa。另外还有钢筋套筒灌浆要求使用的套筒、灌浆料等符合不同的行业标准中的性能要求，制作套筒的材料可以采用碳素钢、合金结构钢或球墨铸铁等。灌浆料应具有高强、早强、无收缩和微膨胀等基本特性，以使其能与套筒、被连接钢筋更有效地结合在一起共同工作。

第二，预制混凝土构件现场施工环节质量控制。

装配式建筑混凝土构件的现场施工环节质量控制包括进场、安装、连接、验收环节。装配式建筑混凝土构件的进场要求符合不同的楼层需求，这样可以节约许多人力资源，同时保证建筑施工场所中的材料的完整性，在进场环节对混凝土构件进行检验验收，如对梁板类简支受弯预制构件进行结构性能检验；安装和连接属于技术性的质量控制，可按照楼层、结构缝或施工段分批检验接收。要求对混凝土构件的性能进行见证验收，如预制楼梯结构性能检验，对其承重性能、传热性能检验其是否符合设计要求和施工要求。具体有对钢筋混凝土构件允许出现裂缝的进行裂缝的宽度检验，不允许出现裂缝的构件进行承载力、挠度、抗裂检查等。

6）质量检测技术发展前景

随着装配式建筑的规模化发展，质量检验已成为发展装配式建筑不可缺少的重要环节和保障。装配式混凝土结构建筑质量检测技术适用于各种工程建筑中，主要是通过物理量进行科学的检测、理论和实际的结合，同时还有相应设备的配合。在建筑工程中要不断地加强检测技术的水平，促进检测技术的发展，这样才能保证建筑工程的整体质量。实践表明，装配式混凝土结构建筑质量检测技术具有较大的发展潜力。

1.2 建筑工程质量检测机构和制度

1.2.1 建筑工程质量检测机构

1）工程质量检测

（1）建设部令第 141 号令的定义。

建设工程质量检测是指工程质量检测机构接受委托，依据国家有关法律、法规和工程建设强制性标准，对涉及结构安全项目的抽样检测和对进入施工现场的建筑材料、构配件的见证取样检测。

（2）渝建发〔2009〕123 号的定义。

建筑工程质量检测是指建设工程质量检测机构接受委托，依据国家有关法律、法规和工程建设强制性标准、规范，对涉及结构安全和使用功能项目实施抽样检测，对进入施工现场的建筑材料、构配件实施见证取样检测，对建设工程质量实施检测鉴定，并出具检测报告的活动。

（3）《房屋建筑和市政基础设施工程质量检测技术管理规范》GB 50618—2011 的定义。

工程质量检测是按照相关规定的要求，采用试验、测试等技术手段确定建设工程的建筑材料、工程实体质量特性的活动。

2）工程质量检测机构

（1）建设部令第 141 号令的定义。

检测机构是具有独立法人资格的中介机构。

（2）渝建发〔2009〕123 号的定义。

检测机构是指依法取得检测资质证书，开展质量检测，并承担相应法律责任，具有独立法人资格的技术服务型中介机构。

（3）《房屋建筑和市政基础设施工程质量检测技术管理规范》GB 50618—2011 的定义。

检测机构是指具有法人资格，并取得相应资质，对社会出具工程质量检测数据或检测结论的机构。

3）检测人员

（1）渝建发〔2009〕123 号的定义

检测人员是指经考核合格，具备相应检测工作能力的检测从业人员。

（2）《房屋建筑和市政基础设施工程质量检测技术管理规范》GB 50618—2011 的定义

检测人员是经建设主管部门或委托有关机构的考核，从事检测技术管理和检测操作人员的总称。

1.2.2 建筑工程质量检测有关规定和要求

1）建筑工程质量检测依据

（1）国家及地方政府颁发的有关法律、法规、规定和管理办法。

（2）国家质量技术监督部门颁发的有关质量标准及施工质量验收规范。

（3）工程项目的设计图纸和设计文件。

（4）建设单位与施工企业签订的合同约定。

如：《中华人民共和国建筑法》《建筑工程管理条例》《工程建设标准强制条文》《建筑工程质量监督机构工作指南》《建设工程质量检测管理办法》《建筑工程施工质量验收统一标准》《建设工程项目管理规范》《建设项目总承包管理规范》《建设工程文件归档整理规范》《建设工程监理规范》，以及《房屋建筑和市政基础设施工程质量检测技术管理规范》（GB 50618—2011）。

2）资质管理及分类

根据《建设工程质量检测管理办法》（建设部令141号）及《重庆市建设工程质量检测管理规定》（渝建发〔2009〕123号）的规定，建设工程质量检测机构资质按照其承担的检测业务内容分为专项检测机构资质和见证取样检测机构资质。

（1）专项检测。

① 地基基础工程检测：地基及复合地基承载力静载检测；桩的承载力检测；桩身完整性检测；锚杆锁定力检测。

② 主体结构工程现场检测：混凝土、砂浆、砌体强度现场检测；钢筋保护层厚度检测；混凝土预制构件结构性能检测；后置埋件的力学性能检测。

③ 建筑幕墙工程检测：建筑幕墙的气密性、水密性、风压变形性能、层间变位性能检测；硅酮结构胶相容性检测。

④ 钢结构工程检测：钢结构焊接质量无损检测；钢结构防腐及防火涂装检测；钢结构节点、机械连接用紧固标准件及高强度螺栓力学性能检测；钢网架结构的变形检测。

（2）见证取样检测。

① 水泥物理力学性能检验；

② 钢筋（含焊接与机械连接）力学性能检验；

③ 砂、石常规检验；

④ 混凝土、砂浆强度检验；

⑤ 简易土工试验；

⑥ 混凝土掺加剂检验；

⑦ 预应力钢绞线、锚夹具检验；

⑧ 沥青、沥青混合料检验。

3）检测机构资质标准

（1）专项检测机构和见证取样检测机构应满足下列基本条件：

① 所申请检测资质对应的项目应通过计量认证。

② 有质量检测、施工、监理或设计经历，并接受了相关检测技术培训的专业技术人员不少于10人；边远的县（区）的专业技术人员可不少于6人。

③ 有符合开展检测工作所需的仪器、设备和工作场所。其中，使用属于强制检定的计量器具，要经过计量检定合格后，方可使用。

④ 有健全的技术管理和质量保证体系。

（2）专项检测机构除应满足基本条件外，还需满足下列条件：

① 地基基础工程检测类：专业技术人员中从事工程桩检测工作 3 年以上并具有高级或者中级职称的不得少于 4 名，其中 1 人应当具备注册岩土工程师资格。

② 主体结构工程检测类：专业技术人员中从事结构工程检测工作 3 年以上并具有高级或者中级职称的不得少于 4 名，其中 1 人应当具备二级注册结构工程师资格。

③ 建筑幕墙工程检测类：专业技术人员中从事建筑幕墙检测工作 3 年以上并具有高级或者中级职称的不得少于 4 名。

④ 钢结构工程检测类：专业技术人员中从事钢结构机械连接检测、钢网架结构变形检测工作 3 年以上并具有高级或者中级职称的不得少于 4 名，其中 1 人应当具备二级注册结构工程师资格。

（3）见证取样检测机构除应满足基本条件外，专业技术人员中从事检测工作 3 年以上并具有高级或者中级职称的不得少于 3 名；边远的县（区）可不少于 2 人。

4）检测人员管理

（1）检测人员的上岗资格。

检测人员必须具备建筑工程质量检测方面的专业知识，经过岗前培训和考核，取得检测人员岗位证书，方可从事相应的检测工作。

（2）定期考核，出现下列情形之一的考核结论为不合格：

① 违反有关法律、法规规定的；

② 未按有关检测标准、规范、规程进行检测的；

③ 出具虚假报告的；

④ 违反相关职业道德和职业纪律，不遵守有关规章制度的；

⑤ 超出本人岗位证书所核定的检测项目或参数范围从事检测业务的；

⑥ 超出所在检测单位资质许可范围从事检测业务的；

⑦ 同时受聘于两个或者两个以上的检测机构的；

⑧ 其他不良行为。

（3）检测行为管理。

① 检测委托管理。

建设部令第 141 号令第十二条："委托方与被委托方应当签订书面合同。"

渝建发〔2009〕123 号文第二十五条："对涉及结构安全和使用功能项目的抽样检测、对进入施工现场的建筑材料及构配件的见证取样检测、室内环境质量检测、建筑结构可靠性鉴定、质量事故鉴定的经过由项目建设单位委托；质量纠纷及投诉鉴定检测由举证一方或纠纷双方共同委托；进入司法程序的鉴定检测由法院委托，委托方与被委托方应当按要求签订检测合同或委托单。"

② 检测争议管理。

建设部令第 141 号令第十二条："检测结果利害关系人对检测结果发生争执的，由双方共同认可的检测检测机构复检，复检结果由提出复检方报当地建设主管部门备案。"

③ 报告管理。

建设部令第 141 号令第十四条："检测机构完成检测业务后，应当及时出具检测报告，检测报告经检测人员签字、检测机构法定代表人或其授权的签字人签署，并加盖检测机构公章或者检测专用章方可生效，检测报告经建设单位或者工程监理单位确认后，由是施工单位归档。见证取样检测的检测报告中应当注明见证人单位及姓名。"

渝建发〔2009〕123 号文第三十一条：检测报告中的数据及结论必须准确、可靠、全面，字迹清楚，并符合下面规定：

a. 检测报告应经检测人员及审核人员、检测机构法定代表人或者其授权签字人签字，并加盖重庆市建设工程检测机构检测专用章、计量认证标志；多页检测报告应在侧面骑缝处加盖检测报告骑缝章；检测报告空白栏加划斜杠或加盖"以下空白"章屏蔽；实施见证取样检测的检测报告应加盖"见证取样"章；检测报告应注明取样人员和见证人员的指定单位及姓名。

b. 检测报告的检测数据、检测结论、检测日期等不得更改。

c. 检测委托单、原始记录、检测报告等宜采用全市统一的具体格式。

检测机构出具的检测报告不符合上诉规定以及内容不全、印章不全的，不得作为建设工程质量评定和验收的依据。

④ 档案管理。

建设部令第 141 号令第二十条："检测机构应当建立档案管理制度。检测合同、委托单、原始记录、检测报告应当按年度统一编号，编号应当连续，不得随意抽撤、涂改，检测机构引港单独建立检测结果不合格项目的台账。"

渝建发〔2009〕123 号文第三十四条："加强检测资料管理，确保检测工作的正常实施及检测资料档案管理的完整，保证检测资料具有可追溯性；检测合同、委托单、原始记录、检测报告应当按检测项目分类；检测报告应按年连续编号规定，不得抽撤、涂改。"

⑤ 检测人员行为管理。

建设部令第 141 号令第十六条："检测人员不得同时受聘两个或者两个以上的检测机构，检测机构和检测人员不得推荐或者监制建筑材料、构配件和设备。"

⑥ 违法及不合格情况报告制度。

建设部令第 141 号令第十九条："检测机构应当将检测过程中发现的建设单位、监理单位、施工单位违反有关法律、法规和工程建设强制性标准的情况，以及涉及结构安全检测结果的不合格情况，及时报告工程所在地建设主管部门。"

渝建发〔2009〕123 号文第三十六条："检测机构对检测过程中发现建设单位、监理单位、施工单位违反有关法律法规和工程建设强制性标准的情况，以及涉及结构工程质量安全和重要使用功能检测项目检测结论不合格的情况，必须在 24 小时内向负责监督该工程的质量监督机构报告。对检测结论为不合格的检测报告、检测机构应单独建立台账，并定期报当地工程质量监督机构。"

⑦ 不良记录。

依据《建设工程质量责任主体和有关机构不良行为记录管理办法（试行）》（建质〔2003〕11 号）第三条："勘察、设计、施工、施工图审查、工程质量检测、监理等单位的不良记录应作为建设行政主管部门对其进行年检和资质评审的重要依据。"

第八条：质量检测机构以下情况应予以记录：

a. 未经批准擅自从事工程质量检测业务活动的。

b. 超越核准的检测业务范围从事工程质量检测业务活动的。

c. 出具虚假报告，以及检测报告数据和检测结论与实测数据严重不符合的。

d. 其他可能影响检测质量的违法违规行为。

《建筑市场诚信行为信息管理办法》（建市〔2007〕9 号）第三条：本办法所称诚信行为信息包括良好行为记录和不良行为记录。

a. 良好行为记录指建筑市场各方主体在工程建设过程中严格遵守有关工程建设的法律、法规、规章或强制性标准，行为规范，诚信经营，自觉维护建筑市场秩序，受到各级建设行政主管部门和相关专业部门的奖励和表彰，所形成的良好行为记录。

b. 不良行为记录是指建筑市场各方主体在工程建设过程中违反有关工程建设的法律、法规、规章或强制性标准和执业行为规范，经县级以上建设行政主管部门或其委托的执法监督机构查实和行政处罚，形成的不良行为记录。

1.3　装配式建筑的分类

建筑是人们对一个特定空间的需求，按照用途不同分为住宅、商业、机关、学校、工厂厂房等；按照建筑高度可分为低层、多层、中高层、高层和超高层。装配式建筑按照建造过程，先由工厂生产所需要的建筑构件，再进行组装完成整个建筑。它的分类一般按建筑的结构体系和构件的材料来分类。

1.3.1　按建筑结构体系分类

1）砌块建筑

砌块建筑是用预制的块状材料砌成墙体的装配式建筑，适于建造 3 ~ 5 层建筑，如提高砌块强度或配置钢筋，还可适当增加层数。砌块建筑适应性强，生产工艺简单，施工简便，造价较低，还可利用地方材料和工业废料。建筑砌块有小型、中型、大型之分：小型砌块适于人工搬运和砌筑，工业化程度较低，灵活方便，使用较广；中型砌块可用小型机械吊装，可节省砌筑劳动力；大型砌块现已被预制大型板材所代替。

砌块有实心和空心两类，实心的较多采用轻质材料制成。砌块的接缝是保证砌体强度的重要环节，一般采用水泥砂浆砌筑，小型砌块还可用套接而不用砂浆的干砌法，可减少施工中的湿作业。有的砌块表面经过处理，可作清水墙。

2）板材建筑

板材建筑由工厂预制生产的大型内外墙板、楼板和屋面板等板材装配而成，又称大板建筑。它是工业化体系建筑中全装配式建筑的主要类型。板材建筑可以减轻结构质量，提高劳动生产率，扩大建筑的使用面积和防震能力。板材建筑的内墙板多为钢筋混凝土的实心板或空心板；

外墙板多为带有保温层的钢筋混凝土复合板，也可用轻骨料混凝土、泡沫混凝土或大孔混凝土等制成带有外饰面的墙板。建筑内的设备常采用集中的室内管道配件或盒式卫生间等，以提高装配化的程度。大板建筑的关键问题是节点设计。在结构上应保证构件连接的整体性

（板材之间的连接方法主要有焊接、螺栓连接和后浇混凝土整体连接）。在防水构造上要妥善解决外墙板接缝的防水，以及楼缝、角部的热工处理等问题。大板建筑的主要缺点是对建筑物造型和布局有较大的制约性；小开间横向承重的大板建筑内部分隔缺少灵活性（纵墙式、内柱式和大跨度楼板式的内部可灵活分隔）。

3）盒式建筑

盒式建筑也称集装箱式建筑，是从板材建筑的基础上发展起来的一种装配式建筑。这种建筑工厂化的程度很高，现场安装快。一般不但在工厂完成盒子的结构部分，而且内部装修和设备也都安装好，甚至可以连家具、地板等一概安装齐全。盒子吊装完成、接好管线后即可使用。

盒式建筑的装配形式有：

① 全盒式，完全由承重盒子重叠组成建筑。

② 板材盒式，将小开间的厨房、卫生间或楼梯间等做成承重盒子，再与墙板和楼板等组成建筑。

③ 核心体盒式，以承重的卫生间盒子作为核心体，四周再用楼板、墙板或骨架组成建筑。

④ 骨架盒式，用轻质材料制成的许多住宅单元或单间式盒子，支承在承重骨架上形成建筑。也有用轻质材料制成包括设备和管道的卫生间盒子，安置在用其他结构形式的建筑内。

盒式建筑工业化程度较高，但投资大，运输不便，且需用重型吊装设备，因此发展受到限制。

4）骨架板材建筑

骨架板材建筑由预制的骨架和板材组成，其承重结构一般有两种形式：一种是由柱、梁组成承重框架，再搁置楼板和非承重的内外墙板的框架结构体系；另一种是柱子和楼板组成承重的板柱结构体系，内外墙板是非承重的。承重骨架一般多为重型的钢筋混凝土结构，也有采用钢和木材作成骨架和板材组合，常用于轻型装配式建筑中。骨架板材建筑结构合理，可以减轻建筑物的自重，内部分隔灵活，适用于多层和高层的建筑。

钢筋混凝土框架结构体系的骨架板材建筑有全装配式、预制和现浇相结合的装配整体式两种。保证这类建筑的结构具有足够的刚度和整体性的关是构件连接。柱与基础、柱与梁、梁与梁、梁与板等的节点连接，应根据结构的需要和施工条件，通过计算进行设计和选择。节点连接的方法，常见的有榫接法、焊接法、牛腿搁置法和留筋现浇成整体的叠合法等。

板柱结构体系的骨架板材建筑是方形或接近方形的预制楼板同预制柱子组合的结构系统。楼板多数为四角支在柱子上；也有在楼板接缝处留槽，从柱子预留孔中穿钢筋，张拉后灌混凝土。

5）升板和升层建筑

这种建筑的结构体系是由板与柱联合承重。这种建筑是在底层混凝土地面上重复浇筑各楼板和屋面板，竖立预制钢筋混凝土柱子，以柱为导杆，用放在柱子上的油压千斤顶把楼板和屋面板提升到设计高度，加以固定。外墙可用砖墙、砌块墙、预制外墙板、轻质组合墙板或幕墙等；也可以在提升楼板时提升滑动模板、浇筑外墙。升板建筑施工时大量操作在地面进行，减少高空作业和垂直运输，节约模板和脚手架，并可减少施工现场面积。升板建筑多采用无梁楼板或双向密肋楼板，楼板同柱子连接节点常采用后浇柱帽或采用承重销、剪力块等无柱帽节点。升板建筑一般柱距较大，楼板承载力也较强，多用作商场、仓库、工厂和多层车库等。

升层建筑是在升板建筑每层的楼板还在地面时先安装好内外预制墙体，一起提升的建筑。升层建筑可以加快施工速度，比较适用于场地受限制的地方。

1.3.2　按构建材料分类

由于建筑构件的材料不同，集成化生产的工厂及工厂的生产线因为建筑材料的不同而生产方式也不同，由不同材料的构件组装的建筑也不同。因此，可以按建筑构件的材料来对装配式建筑进行分类。由于建筑结构对材料的要求较高，按建筑构件的材料来对装配式建筑进行分类也就是按结构分类。

1）预制装配式混凝土结构（也称为 PC 结构）

PC 结构是钢筋混凝土结构构件的总称，通常把钢筋混凝土预制构件通称 PC 构件。按结构承重方式又分为剪力墙结构和框架结构。

（1）剪力墙结构。

PC 结构的剪力墙结构实际上是板构件，作为承重结构是剪力墙墙板，作为受弯构件就是楼板。现在装配式建筑的构件生产厂的生产线多数是板构件生产。装配时施工以吊装为主，吊装后再处理构件之间的连接构造问题。剪力墙结构如图 1-1 所示。

图 1-1　剪力墙结构

（2）框架结构。

PC 结构的框架结构是把柱、梁、板构件分开生产，当然用更换模具的方式可以在一条生产线上进行。生产的构件是单独的柱、梁和板构件。施工时进行构件的吊装施工，吊装后再处理构件之间的连接构造问题。框架结构有关墙体的问题，可以由另外的生产线生产框架结构的专用墙板（可以是轻质、保温、环保的绿色板材），框架组装完成后再组装墙板。框架结构如图 1-2 所示。

图 1-2　框架结构

2）预制集装箱式结构

集装箱式结构的材料主要是混凝土，一般是按建筑的需求，用混凝土做成建筑的部件（按房间类型，例如客厅、卧室、卫生间、厨房、书房、阳台等）。一个部件就是一个房间相当于一个集成的箱体（类似集装箱），组装时进行吊装组合就可以了。当然材料不仅仅限于混凝土，例如，日本早期装配式建筑集装箱结构用的是高强度塑料，这种高强度塑料可以做枪刺（刺刀），但缺点是防火性能差。预制集装箱式结构如图 1-3 所示。

图 1-3　装配式集装箱结构

3）预制装配式钢结构（也称为 PS 结构）

PS 结构采用钢材作为构件的主要材料，外加楼板和墙板及楼梯组装成建筑。装配式钢结构又分为全钢（型钢）结构和轻钢结构，全钢结构的承重采用型钢，可以有较大的承载力，可以装配高层建筑。轻钢结构以薄壁钢材作为构件的主要材料，内嵌轻质墙板。一般装配多层建筑或小型别墅建筑。

（1）型钢结构。

全钢（型钢）结构的截面一般较大，可以有较高的承载力，截面可为工字钢、L 形或 T

形钢。根据结构设计的设计要求，在特有的生产线上生产，包括柱、梁和楼梯等构件。生产好的构件运到施工工地进行装配。装配时构件的连接可以是锚固（加腹板和螺栓），也可以采用焊接。全钢结构的承重采用型钢，可以有较大的承载力，可以装配高层建筑。型钢结构如图 1-4 所示。

图 1-4　型钢结构

（2）轻钢结构。

轻钢结构一般采用截面较小的轻质槽钢，槽的宽度由结构设计确定。轻质槽钢截面小，壁一般较薄，在槽内装配轻质板材作为轻钢结构的整体板材，施工时进行整体装配。由于轻质槽钢截面小而承载力小，所以一般用来装配多层建筑或别墅建筑。由于轻钢结构施工采用螺栓连接，施工快工期短，还便于拆卸，加上装饰工程造价一般为 1 500 ~ 2 000 元/m^2，目前市场前景较好。轻钢结构如图 1-5 所示。

图 1-5　轻钢结构

4）木结构

木结构装配式建筑全部采用木材，建筑所需的柱、梁、板、墙、楼梯构件都用木材制造，然后进行装配。木结构装配式建筑具有良好的抗震性能、环保性能，很受使用者的欢迎。对于木材很丰富的国家，例如德国、俄罗斯等则大量采用木结构装配式建筑。木结构如图 1-6 所示。

图 1-6 木结构

装配式建筑现在一般按材料及结构分类，其分类示意图如图 1-7 所示。

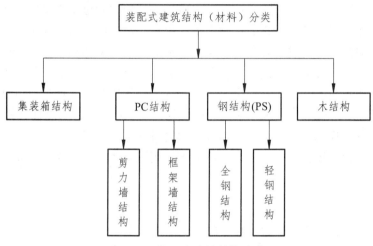

图 1-7 装配式建筑结构分类

练 习

1. 简述建筑工程质量检测的重要性。
2. 简述建筑工程质量检测的意义。
3. 混凝土结构质量检测的主要内容包括哪些？
4. 简述装配式建筑的分类。

2 装配式建筑材料检测

2.1 装配式建筑材料的见证取样

2.1.1 关于材料复检见证取样的规定

建筑材料的种类繁多，它们的质量对工程质量的影响程度也是不同的。为了进一步提高建筑工程质量，加大对关键性材料的控制力度，根据"关键的少数"原理，各地方政府的建筑工程质量监督部门在材料进场复检的强制性条款的基础上又作出了进一步的强制性规定，即对工程质量具有较大影响的建筑材料（包括水泥、混凝土抗压强度和抗渗性能，钢筋，防水材料等）在进场复检取样时，必须由监理工程师在现场监督，对所抽取的样品，由监理工程师进行封样标识、陪同送检。这一取样、送检的程序规定，简称为见证取样。

见证取样在较大程度上杜绝了施工单位在建筑材料上的弄虚作假、蒙混过关、以次充好事件的发生。对严把进场材料关，提高工程质量起到了较大的积极作用，是一项效果显著的管理措施。

1）见证取样的程序

建设单位应向工程受监的质监站和工程检测单位递交《见证单位和见证人员授权书》。授权书应写明本工程现场委托的见证单位和见证人员姓名，以便质监机构和检测单位检查核对。施工企业取样人员在现场进行原材料取样和试块制作时，见证人员必须在旁见证并以书面性签署认可。见证人员应对试样进行监护，并和施工企业取样人员一起将试样送至检测单位或采取有效的封样措施送样。检测单位在接受委托检验任务时，须由送检单位填写委托单，见证人员应在检验委托单上签名。检测单位应在检验报告单备注栏中注明见证单位和见证人员姓名，发生试样不合格情况，首先要通知工程受监的质监站和见证单位。

2）见证人员的基本要求

见证人员人需要符合下列要求：

（1）必须具备见证人员资格；

（2）应是本工程建设单位或监理单位人员；

（3）必须具备初级以上技术职称或具有建筑施工专业知识；

（4）必须经培训考核合格，取得"见证人员证书"；

（5）必须具有建设单位的见证人书面授权书；

（6）必须向质监站和检测单位递交见证人书面授权书；

（7）见证人员的基本情况由省（自治区、直辖市）检测中心或质监站备案，每隔五年换证一次。

3）见证人员的职责

见证人员的职责是：

（1）取样时，必须在现场进行见证；

（2）必须对试样进行监护；

（3）必须和施工人员一起将试样送至检测单位；

（4）有专用送样工具的工地，见证人员必须亲自封样；

（5）必须在检验委托单上签字，并出示"见证人员证书"；

（6）对试样的代表性和真实性负有法定责任。

4）取样人员的基本要求

取样人员必须具有检测员上岗证书或从事相关专业 3 年以上的工作经历。经培训考核合格，取得"取样员"上岗证书。

5）取样人员的职责

取样人员的职责是：

（1）根据工程特点及要求制订取样计划；

（2）做好取样与送样的工作台账；

（3）按规范、规程规定的取样方法正确取样；

（4）规范、正确填写委托单。

各检测机构试验室对无见证人员签名的检验委托单及无见证人员伴送的试件一律拒收；未注明见证单位和见证人员的检验报告无效，不得作为质量保证资料和竣工验收资料，由质监站指定法定检测单位重新检测。

2.1.2 关于建筑材料检测实验室的规定

承担建筑材料复检的实验室必须是经过建筑工程质量监督部门根据国家标准《质量管理体系、要求》（GB/T 19001—2000）对实验室进行质量管理体系审查、认证合格，并予授权备案的实验室。否则，所出具的检测报告无效。在工程开工前，施工单位应选择具有上述检测资质的实验室并与之签订委托实验合同。合同应归档留存。施工过程中施工单位不得无故更换实验室。同时还规定，与施工单位之间具有隶属关系的实验室（尽管具备建筑工程质量监督部门授权的检测资质）不得承接该施工单位的见证取样试验。见证取样试验应另行委托无隶属关系的第三方实验室承担。

1）国家、省、市（地）、县（市）、区级工程质量检测机构

（1）国务院建设行政主管部门；

（2）省、自治区、直辖市建设行政主管部门；

（3）省、自治区、直辖市建设工程质量监督总站；

（4）省、自治区、直辖市建设工程质量监督站（质量检测中心）。

2）质量检测机构实验室设置

（1）土工试验室；

（2）工程桩动测检测室；

（3）建设工程材料检测试验室；

（4）混凝土工程破损（非破损）检测室；

（5）建筑节能及装饰（幕墙）检测室。

3）检测中心（实验室）仪器设备管理制度

（1）仪器设备应设专人管理；

（2）仪器设备应按检定周期进行检定、校验，并按规定粘贴三色标志，未经检验或检定的（不合格）的仪器设备，不得投入检测使用；

（3）主要仪器设备要制定操作规程，检测人员应严格按照操作规程操作仪器，如出现故障或因停水停电等其他原因致使中断试验而影响检测时，检测工作必须重新进行，并以书面记录备查。

2.1.3 建筑材料质量复检的依据

政府建筑工程质量监督部门要求施工单位对进场的建筑材料进行质量复检是一种执法行为，施工单位遵照执行是一种守法行为，这些都是有以下法律法规或文件为依据的：

（1）国家及地方政府关于建筑工程质量管理的一系列法律法规；

（2）国家颁发的关于建筑材料的技术标准；

（3）建设单位与施工单位签订的施工合同；

（4）施工单位与检测实验室签订的委托检测合同；

（5）施工单位与供货商签订的采购、订货合同；

（6）建设单位与工程监理单位签订的工程监理合同。

2.2 装配式建筑材料性能检测的有关术语及规定

2.2.1 检测项目

任何一种建筑材料，其质量特征都是若干个子项目质量的综合反映。质量的合格与否是由若干个子项目质量检测数据共同决定的，各项指标缺一不可。

材料不同，其性能特征也不同。质量指标不同，检测项目和检测方法也不同。在诸多子项目里，各子项目质量对材料综合质量的影响力是不同的，因此其重要程度也不同。据此在有关的规定中又把这些检测项目根据其影响力的大小，分为一般项目（选择性项目）和主控项目（必检项目）。如钢筋拉伸试验中的屈服强度、抗拉强度、破坏伸长率、冷弯性能都是必检项目，弹性模量和抗冲击性能则属于一般项目；混凝土的抗压强度是必检项目，抗压性模量是一般项目。必检项目的指标必须满足，一般项目可以根据工程实际情况或有关方的要求决定是否进行检验。

2.2.2　样品（试样或试件）数量

标准中把完成一套检测项目所需的材料样品的数量称为一组。材料不同、检测项目不同、检测方法不同，组的大小和计量单位也不同。对此，各标准中均有具体规定，抽样所得的样品数量必须满足各项检测在数量上的要求。一般标准中规定的样品数量是数量的最小值或准确值。这个数量值是对大量试验结果进行统计分析后得出的，取样时必须满足数量要求。如水泥的试样，取样数量应不少于 12 kg（这是最小值）；混凝土抗压强度的试块，一组试块的数量是 3 块（这里是标准值，这项试验必须是对 3 个试验块进行测试；绝不允许测 4 个从中选出 3 个进行评定）。在实际施工过程中，为了防止样品的丢失和损坏，取样时的数量可以比规定数量多一些，以备更换，但送检数量不能多。一组试样的抽取应一次完成。

2.2.3　取样方法

材料取样的基本原则是随机抽取。不同材料的标准对取样方法在随机抽取的原则下，还有具体规定，对这些规定一定要认真遵守，以确保检测样品的代表性和检测数据的可靠性。如钢筋拉伸试验的试件，取样方法规定：试件数量 2 根，从随机抽取的任一根钢筋的任一端采用机械方式（不得采用乙炔气割或电弧切割的方式，避免加热给检测数据带来任何影响）先截弃 500 mm 后，再截取一个试件，每个试件长不小于 500 mm，每根钢筋上只能截取一个试件。

2.2.4　样品的制备

某些材料在取样时，需要经过一定的加工过程。这个加工过程可能会对样品的测试结果产生较大的影响。因此标准中对取样方法、试样加工制备方法有明确的规定，必须严格遵守。如混凝土抗压试块的制备，在装模时必须进行充分振捣，目的是模拟混凝土浇筑施工过程中的"振捣"施工工序，尽量减少"蜂窝孔洞"以提高其密实度。

2.2.5　检验批次（代表数量）

检验批次也称代表数量，是指一组随机抽取的试样，其检测结果所能代表的该材料的最大数量。代表数量的多少是通过对大量的试验结果统计分析而来的，它所表达的含义就是：在满足一定的质量保障率的前提下，就必须随机抽取一组多少数量的材料组成的试样进行该项质量检测。

由于工程的复杂性，在标准中往往给出几种不同的代表数量（检验批次）的计算方法。在实际工程中，如果遇到两种不同的计算方法，则应根据实际情况"对号入座"，从中选择试件组数较多的取样规则进行取样。例如，国家标准《普通混凝土力学性能试验方法标准》（GB/T 50081—2002）中，关于检验批次有以下规定："每台拌合机、每台班、每拌制 100 盘、且不超过 100 m^3 的同一配合比的混凝土取样不得少于一次。"同时还规定："浇筑每一楼层，同一配合比的混凝土取样不得少于一次。"

如果有一台拌合机，一个台班内共拌制了 90 盘、60 m³ 的同一配合比的混凝土，完成了一个半楼层的浇筑，取样时则应执行"每一楼层同一配合比的混凝土取样不得少于一次"的规定，最少取样两次（两组），而不应执行"每样制 100 盘，且不超过 100 盘的同一配合比的混凝土取样不得少于一次"的规定。

　　如果没有特殊说明，一般情况下，上述取样是为混凝土 28 d 同条件养护强度测试而用，这是混凝土浇筑质量检测的必检项目。如有特殊需要（如由于施工进度计划的安排，在提前拆除模板及支架之前，必须通过测试了解混凝土的强度是否满足提前拆模的条件，以便确定拆模的安全时机），就应根据实际需要提前做好计划安排，适当增加取样次数（组数）。经同条件养护至计划拆模日期之前，进行强度测试。

2.2.6　建筑材料复检取样

　　为了更好地把好工程质量的第一关——进场材料质量复检，构件生产厂及施工单位的材料员、质量员应当熟悉掌握各种建筑材料取样送检的相关规定和操作技术要求。

　　1）试验样品取样的有关规定

　　（1）取样工作应由专职人员负责。取样前应熟悉该材料最新标准中关于代表数量（检验批次）、取样数量、取样方法、试样加工、处理、检测项目的有关规定。

　　（2）一般取样都是人工操作的，操作方法上的微小差别都可能给检测结果带来较大的影响。因此，标准中对取样方法作了明确的规定。操作人员应当认真学习，深入领会，严格执行标准中的有关规定，务求操作方法、操作程序的规范化。

　　（3）取样成功后，应及时对所取样品进行编号标识，并注明取样日期。编号内容和编号规则应符合施工单位既定编号体系的规定。标识应采用可靠的措施，防止因脱落、坏损导致标识无法识别。

　　（4）对于需要见证取样的材料，应认真执行见证取样的相关规定。

　　（5）取样工作应有记录。记录应及时、真实，不得弄虚作假、不得补填。记录应当涉及以下主要内容：工程项目名称、材料名称、规格，本批次进货数量，材料生产厂家，试样代表数量，材料在工程中的应用部位，样品数量，试样编号，试样加工保养方式，检测项目，取样日期，操作人员签名，送检日期，送检人签名。

　　2）试验样品的送检

　　（1）工程项目开工前，构件生产厂家应选择一个具有建筑材料检测资质和相应能力的实验室（不是每个有检测资质的实验室都具有相同的、可以进行所有材料检测的能力），并应签订委托检验合同。施工期间，构件生产厂不得随意更换实验室，对于个别不具备检测能力的检测项目，构件生产厂可以就此项目的检测另寻合适的委托对象。

　　（2）受检样品必须及时、安全送达所委托的实验室进行检测。样品送达后，构件生产厂应按要求如实填写试验委托单（一组样品填写一份）。

　　3）复检试验报告

　　检测完成后，构件生产厂应及时取回检测报告，在没有得到复检合格报告之前，该材料不得进入施工生产程序。检测报告应细心保管，并应作为工程验收资料定期整理、归档留存。

2.3 装配式建筑材料检测的一般规定

2.3.1 装配式混凝土结构材料检测

（1）装配式混凝土结构材料检测应包括下列内容：
① 进场预制构件中的混凝土、钢筋；
② 现场施工的后浇混凝土、钢筋；
③ 连接材料。
（2）混凝土检测应包括力学性能、长期性能和耐久性能、有害物质含量及其作用效应等项目，检测方法应符合现行国家标准《混凝土结构现场检测技术标准》（GB/T 50784）的规定。
（3）钢筋检测应包括直径、力学性能和锈蚀状况等项目，检测方法应符合现行国家标准《混凝土结构现场检测技术标准》（GB/T 50784）的规定。
（4）连接材料检测应符合下列规定：
① 灌浆料的抗压强度应在施工现场制作平行试件进行检测，套筒灌浆料抗压强度的检测方法应符合现行行业标准《钢筋连接用套筒灌浆料》（JG/T 408）的规定，浆锚搭接灌浆料抗压强度的检测方法应符合现行国家标准《水泥基灌浆材料应用技术规范》（GB/T 50448）的规定；
② 坐浆料的抗压强度应在施工现场制作平行试件进行检测，检测方法应符合现行行业标准《建筑砂浆基本性能试验方法标准》（JGJ/T 70）的规定；
③ 钢筋采用套筒灌浆连接时，接头强度应在施工现场制作平行试件进行检测，检测方法应符合现行行业标准《钢筋套筒灌浆连接应用技术规程》（JGJ 355）的规定；
④ 钢筋采用机械连接时，接头强度应在施工现场制作平行试件进行检测，检测方法应符合现行行业标准《钢筋机械连接技术规程》（JGJ 107）的规定；
⑤ 钢筋采用焊接连接时，接头强度应在施工现场制作平行试件进行检测，检测方法应符合现行行业标准《钢筋焊接及验收规程》（JGJ 18）的规定；
⑥ 钢筋锚固板的检测方法应符合现行行业标准《钢筋锚固板应用技术规程》（JGJ 256）的规定；
⑦ 紧固件的检测方法应符合现行国家标准《钢结构工程施工质量验收规范》（GB 50205）的规定；
⑧ 焊接材料的检测方法应符合现行国家标准《钢结构工程施工质量验收规范》（GB 50205）的规定。

2.3.2 装配式钢结构材料检测

（1）装配式钢结构材料检测应包括下列内容：
① 钢材、焊接材料及紧固件等的力学性能；
② 原材料化学成分；

③ 钢板及紧固件的缺陷和损伤；

④ 钢材金相。

（2）钢材的力学性能检测宜采用在结构中截取拉伸试样直接试验的方法进行检测。

（3）钢材及焊接材料力学性能检测项目和要求应符合表2-1、表2-2的规定。

表 2-1　钢材力学性能检测项目和要求

序号	检测项目	检测要求	检测方法
1	屈服强度或规定非比例延伸强度、抗拉强度、断后伸长率	《低合金高强度结构钢》（GB/T 1591）；《碳素结构钢》（GB/T 700）；其他钢材产品标准	《金属材料拉伸试验 第1部分 室温拉伸试验方法》（GB/T 228.1）
2	冷弯		《金属材料弯曲试验方法》（GB/T 232）
3	冲击韧性		《金属材料夏比摆锤冲击试验方法》（GB/T 229）
4	Z向钢板厚度方向断面收缩率	《厚度方向性能钢板》（GB/T 5313）	《厚度方向性能钢板》（GB/T 5313）

表 2-2　焊接材料力学性能检测项目和要求

序号	检测项目	检测要求	检测方法
1	屈服强度或规定非比例延伸强度、抗拉强度、断后伸长率	《热强钢焊条》（GB/T 5118）；《非合金钢及细晶粒钢焊条》（GB/T 5117）；	《焊缝及熔敷金属拉伸试验方法》（GB/T 2652）
2	冲击韧性	《气体保护电弧焊用碳钢、低合金钢焊丝》（GB/T 8110）；《埋弧焊用碳钢焊丝和焊剂》（GB/T 5293）；《碳钢药芯焊丝》（GB/T 10045）	《焊接接头冲击试验方法》（GB/T 2650）

（4）紧固件力学性能检测项目和要求应符合表2-3的规定。

表 2-3　紧固件力学性能检测项目和要求

序号	检测项目	检测要求	检测方法
1	扭矩系数　紧固轴力　螺栓楔负载　螺母保证载荷　螺母和垫圈硬度	《钢结构用高强度大六角头螺栓、大六角螺母、垫圈技术条件》（GB/T 1231）；《钢结构用扭剪型高强度螺栓连接技术条件》（GB/T 3633）；《钢网架螺栓球节点用高强度螺栓》（GB/T 16939）	《钢结构用高强度大六角头螺栓、大六角螺母、垫圈技术条件》（GB/T 1231）；《钢结构用扭剪型高强度螺栓连接副》（GB/T 3632）；《钢网架螺栓球节点用高强度螺栓》（GB/T 16939）；《钢结构工程施工质量验收规范》（GB 50205）

序号	检测项目	检测要求	检测方法
2	螺栓实物最小载荷及硬度	《紧固件机械性能 螺栓、螺钉和螺柱》（GB/T 3098.1）；《紧固件机械性能 螺母》（GB/T 3098.2）；	《紧固件机械性能 螺栓、螺钉和螺柱》（GB/T 3098.1）；《紧固件机械性能 螺母》（GB/T 3098.2）；《钢结构工程施工质量验收规范》（GB 50205）

（5）原材料化学成分检测项目和要求应符合表 2-4 的规定。

表 2-4　原材料化学成分检测项目和要求

序号	检测项目	检测要求	检测方法
1	钢板、钢带、型钢	《碳素结构钢》（GB/T 700）；《低合金高强度结构钢》（GB/T 1591）；《合金结构钢》（GB 3077）；《建筑结构用钢板》（GB/T 19879）	《钢铁及合金化学分析方法》（GB/T 223）；《碳素钢和中低合金钢多元素含量的测定 火花放电原子发射光谱法（常规法）》（GB/T 4336）
2	钢丝、钢丝绳	《低碳钢热轧圆盘条》（GB 701）；《焊接用钢盘条》（GB/T 3429）；《焊接用不锈钢盘条》（GB 4241）	《钢铁及合金化学分析方法》（GB/T 223）；《钢和铁化学成分测定用试样取样和制样方法》（GB/T 20066）；《钢的成品化学分成分允许偏差》（GB/T 222）；《钢丝验收、包装、标志及质量证明书的一般规定》（GB 2103）
3	钢管、铸钢	《结构用不锈钢无缝钢管》（GB/T 14957）；《结构用无缝钢管》（GB/T 8162）；《直缝电焊钢管》（GB/T 13793）；《低压流体输送用焊接钢管》（GB/T 3091）；《结构用无缝钢管》（GB 8162）；《焊接结构用铸钢件》（GB/T 7659）；《一般工程用铸造碳钢件》（GB/T 11352）；《铸钢件节点应用技术规程》（CECS 235）	《钢铁及合金化学分析方法》（GB/T 223）；《碳素钢和中低合金钢 多元素含量的测定 火花放电原子发射光谱法（常规法）》（GB/T 4336）

序号	检测项目	检测要求	检测方法
4	焊接材料	《热强钢焊条》（GB/T 5118）； 《非合金钢及细晶粒钢焊条》（GB/T 5117）； 《气体保护电弧焊用碳钢.低合金钢焊丝》（GB/T 8110）； 《埋弧焊用碳钢焊丝和焊剂》（GB/T 5293）； 《碳钢药芯焊丝》（GB/T 10045）	《钢铁及合金化学分析方法》（GB/T 223）； 《碳素钢和中低合金钢 多元素含量的测定 火花放电原子发射光谱法（常规法）》（GB/T 4336）

（6）钢板缺陷检测方法应符合下列规定：

① 厚度小于 6 mm 的钢板可采用表面检测方法检测；

② 厚度大于 6 mm 的钢板可采用超声波检测，检测要求应符合现行国家标准《厚钢板超声波检验方法》（GB/T 2970）的规定。

（7）装配式钢结构住宅承重构件的缺陷和损伤检测比例不应小于20%，且应是同一批钢材。

（8）紧固件缺陷检测项目、要求和方法应符合表 2-5 的规定。

表 2-5　紧固件缺陷检测项目、要求和方法

序号	检测项目	检测要求	检测方法
1	高强度螺栓	《钢结构工程施工质量验收规范》（GB 50205）	表面检测
2	螺栓球节点		表面检测
3	焊接球节点焊缝		超声法
4	索节点锚具		超声法

（9）当钢结构材料发生烧损、变形、断裂、腐蚀或其他形式的损伤，需要确定微观组织是否发生变化时，应进行金相检测。

（10）装配式钢结构的金相检测可采用现场覆膜金相检验法或使用便携式显微镜现场检测，取样部位主要在开裂、应力集中、过热、变形或其他怀疑有材料组织变化的部位。

（11）金相检验及评定应按照现行国家标准《金属显微组织检验方法》（GB/T 13298）、《钢的显微组织评定方法》（GB/T 13299）、《钢的低倍组织及缺陷酸蚀检验法》（GB/T 226）、《结构钢低倍组织缺陷评级图》（GB/T 1979）、《金属熔化焊接头缺欠分类及说明》（GB/T 6417.1）、《钢材断口检验法》（GB/T 1814）的规定执行。

2.3.3　装配式木结构检测

（1）装配式木结构材料检测项目应包括下列内容：

① 物理性能；

② 弦向静曲强度；

③ 弹性模量等内容。

（2）物理性能检测应包括木材含水率检测和密度检测。

（3）木材含水率检测可采用烘干法、电测法检测，检测方法应符合现行国家标准《木结构工程施工质量验收规范》（GB 50206）的规定，木材含水率应符合下列规定：

① 原木或方木结构不应大于 25%；

② 板材和规格材不应大于 20%；

③ 胶合木不应大于 15%；

④ 处于通风条件不畅环境下的木构件的木材，不应大于 20%。

（4）木材绝对含水率测定方法应按现行国家标准《木材含水率测定方法》（GB/T 1931）规定进行。

（5）木材密度的检测方法应符合现行国家标准《木材密度测定方法》（GB/T 1933）的规定。

（6）木材含水率及密度检测当采用现场取样时，取样方法应符合下列规定：

① 烘干法测定含水率和密度时，取样时应覆盖柱、梁、椽等所有构件，每栋建筑为一个检验批、一个检验批中每类构件取样数量至少 5 根，每类构件数量在 5 根以下时，全部取样。

② 每根构件应距离构件长度方向的端部 200 mm 处沿截面均匀截取 5 个尺寸为 20 mm×20 mm×20 mm 的试样，应按现行国家标准《木材含水率测定方法》（GB/T 1931）的有关规定测定每个试件中的含水率，以每根构件 5 个试件含水率的平均值作为这根木材含水率的代表值。5 根木材的含水率测定值的最大值应符合下列要求：

a. 原木或方木结构不应大于 25%；

b. 板材和规格材不应大于 20%；

c. 胶合木不应大于 15%；

d. 处于通风条件不畅环境下的木构件的木材，不应大于 20%。

电测法测定含水率时，应从检验批的同一树种，同一规格材或其他木构件随机取样抽取 5 根为试材，应从每根试材距两端 200 mm 起，沿长度均匀分布地取三个截面，对于规格材或其他木构件，每一个截面应至少测定三面中部的含水率。

（7）木材弦向静曲强度检测应符合下列规定：

① 每类构件宜取样数量至少 3 根，每类构件数量在 3 根以下时，全部取样，应在每根构件的髓心外切取 3 个无疵弦向静曲强度试件为一组，试件尺寸和含水率应符合现行国家标准《木材抗弯强度试验方法》（GB/T 1936.1）的规定；

② 弦向静曲强度试验和强度实测计算方法，应符合现行国家标准《木材抗弯强度试验方法》（GB/T 1936.1）的规定；

③ 各组试件静曲强度试验结果的平均值中的最低值不低于本标准表 2-6 的规定值时，应为合格。

表 2-6 木材静曲强度检验标准

木材种类	针叶材				阔叶材				
强度等级	TC11	TC13	TC15	TC17	TB11	TB13	TB15	TB17	TB20
最低强度/（N/mm²）	44	51	58	72	58	68	78	88	98

（8）木材抗弯弹性模量检测应符合现行国家标准《木材抗弯弹性模量测定方法》（GB/T

1936.2）的规定，并应符合下列规定：

①当木材的材质或外观与同类木材有显著差异时，或树种和产地判别不清时，或因结构计算需木材强度时，可取样检测木材的抗弯弹性模量；

②取样时应覆盖柱、梁、椽等所有构件，每栋建筑为一个检验批、一个检验批中每类构件取样数量至少3根，每类构件数量在3根以下时，全部取样；

③每根构件应距离构件长度方向的端部200 mm以外的部位，随机取样3处，应在每根构件切取3个试件为一组，试件尺寸和含水率应符合现行国家标准《木材抗弯弹性模量测定方法》（GB/T 1936.2）规定。

2.4　部分主要建筑材料检验取样的有关规定

根据建筑工程质量监督部门的规定，装配式建筑材料进场验收后，还应由装配式构件厂负责按照相关标准中的规定，随机抽取一定量的材料作为试样，送交签约实验室进行复检。一般情况下，与取样有关的规定包括材料的检测项目、材料的检验批次（一组试样的最大代表数量）、试样的数量规格、试样的取样方法及试样制备的方法要求。

下面仅就部分主要建筑材料的取样规定作一简单介绍，内容仅供学习参考，在实际工作中还应该遵照最新修订的标准执行。

2.4.1　细骨料——砂

1）基本知识

粒径为0.16~5.0 mm的骨料称为细骨料，是混凝土的重要组成材料之一。

（1）砂的分类。

砂是组成混凝土或砂浆的重要组成材料之一。砂的种类很多，其分类如表2-7所示。

表2-7　砂的分类

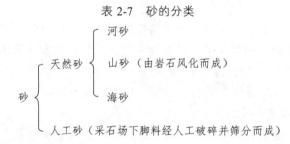

河砂，颗粒圆滑，比较洁净，来源广泛；山砂，表面粗糙，含泥量和有机杂质含量比较多；海砂，兼有河砂、山砂的优点，但常含有贝壳碎片和较多的可溶性盐类。一般工程宜使用河砂。

如只能使用山砂或海砂时，则必须按相关标准进行必要项目（有害物质和氯离子含量）的检测。人工砂的产量少，而石粉含量较大，对它的应用有利于环境保护。

（2）砂的细度模数。

砂是由不同粒径的砂粒组成的混合体。砂的粗细程度是指砂的总体粗细程度，是通过细度模数表表述的。标准规定用筛分析法来评定砂的粗细程度。该方法是用一套孔径为 4.75、2.36、1.18、0.60、0.30、0.15（mm）的标准方孔筛（另加一个筛底），取粒径小于 10 mm 的干砂 500 g（m_0）作为筛分析的试样，用标准筛从大到小依次筛过，然后用天平称量各筛的筛余（筛网上剩余的砂）质量（m_i，$i=1\sim6$，g），计算各分计筛余百分率 α_i、累计筛余百分率 β_i：

$$\alpha_i = \frac{m_i}{m_0} \times 100\% \quad (i = 1 \sim 6) \tag{2-1}$$

$$\beta_i = \sum_{i=1}^{6} \alpha_i \tag{2-2}$$

计算砂的细度模数 μ_i：

$$\mu_i = \frac{(\beta_2 + \beta_3 + \beta_4 + \beta_5 + \beta_6) - 5\beta_1}{100 - \beta_1} \tag{2-3}$$

若 $\mu_i = 3.7 \sim 3.1$ 为粗砂，$\mu_i = 3.0 \sim 2.3$ 为中砂；$\mu_i = 2.2 \sim 1.6$ 细砂；$\mu_i = 1.5 \sim 0.7$ 特细砂。

粗砂的平均粒径较大而总表面积较小，掺到混凝土中可以起到减少水泥用量、提高混凝土密实度的作用。细砂的总体颗粒较小而总表面积较大，在混凝土中需要较多的水泥浆包裹其颗粒表面，因此会增大水泥用量、影响混凝土的密实度。但如果砂过粗，则其中的小颗粒较少，易使混凝土拌合物离析、泌水，影响混凝土的均匀性和浇筑质量。在拌制混凝土时，宜使用粗砂或中砂。

（3）砂的颗粒级配。

所有散粒类材料，在自然堆积状态下，颗粒之间必然会有空隙。堆积材料空隙的总体积与该材料的堆积体积之比的百分率称为该材料的空隙率。

对于砂、石等由粒径大小不同的颗粒组成的散粒料，大粒径颗粒的空隙会由中粒径的颗粒来填充，中粒径颗粒的空隙会由小粒径的颗粒来填充，如此就会得到一个比较好的填充效果，从而使空隙率减小。不同粒径的颗粒含量的搭配情况称为颗粒级配。在混凝土中，砂、石的作用首先是充当骨架、承受荷载，其次是占据混凝土中的大量空间（空隙率小的占据的空间多）以减少水泥的用量。如果采用颗粒级配良好的砂、石来配制混凝土，则可以得到节省水泥，提高混凝土密实度、强度和耐久性的效果。《建筑用砂》（GB/T 14684）、《普通混凝土用砂、石质量及检验方法标准》（JGJ 52）中对混凝土用砂给出了一个颗粒级配的合理范围要求。在配制混凝土时应当选用级配符合要求的粗砂或中砂。对于级配不符合要求的，可采用人工级配来改善，最简单的办法是将粗细不同的砂按适当的比例掺混使用。

（4）泥及泥块的危害。

对河砂而言，最主要的有害物质是泥及泥块，相应的质量指标是含泥量和泥块含量。泥附着在砂粒表面，会妨碍水泥浆与砂粒表面的粘接，降低混凝土强度；泥的吸水量大，将增加拌合水的用量，加大混凝土的干缩，降低混凝土的抗渗性和抗冻性。泥块对混凝土的影响更为严重，因此必须严格控制。标准中对混凝土用砂的含泥量和泥块含量作出了限制性的规定，见表2-8。

表 2-8　砂中含泥量及泥块含量的限值

混凝土强度等级	≥C30	<C30
含泥量（按质量计）/%	≤3.0	<5.0
泥块含量（按质量计）/%	≤1.0	<2.0

2）检测项目

（1）必检项目，包括筛分析、含泥量、泥块含量、堆积密度、表观密度。

（2）特殊要求的检测项目，包括坚固性、碱活性、云母含量、轻物质含量、氯离子含量、有机物含量。

3）检验批次

每 400 m³或 600 t 为一检验批，抽取试样一次。

4）试样数量

试样数量应不少于 40 kg。

5）取样方法

在大砂堆上选取分布均匀的 8 个部位，去除表层后，从各部位取等量砂共 8 份，约 40 kg，混匀，再采用缩分法将试样缩分至试验用量。

6）检验依据

检验依据包括国家标准《建筑用砂》（GB/T 14684）和行业标准《普通混凝土用砂、石质量及检验方法标准》（JGJ 52）等。

2.4.2　粗骨料

1）基本知识

（1）粗骨料的分类。

标准规定，粒径大于 5.0 mm 的骨料称为粗骨料。粗骨料是混凝土的重要组成材料之一，它在混凝土中的作用首先是承受荷载，其次是占据空间以减少水泥用量。建筑工程中常用的粗骨料有：卵石、碎石、碎卵石。

卵石是自然形成的，多呈卵状，表面比较光滑，少棱角，空隙率小。由其所拌制的混凝土拌合物的和易性好、水泥浆需用量小。在混凝土中，卵石表面与水泥石的黏结力略小于碎石，含泥量、泥块含量较碎石高。卵石有河卵石、山卵石、海卵石之分。与砂一样，建筑工程中常用河卵石。

碎石是由岩石经人工爆破、破碎、筛分而成的。碎石表面粗糙、多棱角、体形不规则、空隙率大。由其所拌制的混凝土拌合物的和易性不如卵石混凝土，水泥浆需用量大。碎石表面与水泥石的黏结力比卵石大，含泥量、泥块含量较小。碎石的成本高、产量低。

碎卵石是由粒径较大的卵石经人工破碎而成的。其性质介于卵石与碎石之间。

（2）最大粒径。

粗骨料也是由不同粒径的颗粒组成的，它的规格是根据该批骨料中所含最大颗粒的粒径进行划分的。标准中把粗骨料的粒径划分为 2.50、5.00、10.0、16.0、20.0、25.0、31.5、40.0、50.0、63.0、80.0、100.0（mm）共 12 个公称粒径级别，并制定了一套相应的标准筛，筛孔孔径与上述粒径级别相对应。经过筛分析后，留有筛余的最大筛孔的直径为该批石子的标称最大粒径。最大粒径的大小表示粗骨料的粗细程度。骨料的最大粒径越大，骨料总表面积越小，因而可以减少水泥用量，有助于提高混凝土的密实度、减少混凝土的发热和收缩。因此在条件允许的情况下应尽量采用粒径大的粗骨料。但是粗骨料粒径的选择还要受到混凝土构件截面尺寸、钢筋净间距及施工条件的限制，一般情况下（水利工程除外）不得大于 40 mm。

（3）颗粒级配。

粗骨料的颗粒级配与砂的颗粒级配的概念相同，就是要求不同粒径颗粒的含量适当搭配，以尽量减小石子的空隙率，以期得到减少水泥用量，提高混凝土的密实度、抗压强度和综合质量（耐久性、抗冻性、抗渗性），减少混凝土的发热和收缩的目的。石子的级配也是通过筛分析来评定的，其分计筛余百分率、累计筛余百分率含义和计算方法与砂相同。

（4）针、片状颗粒含量，含泥量，泥块含量。

石子中的针、片状颗粒，泥及泥块对混凝土都是有害因素，所以应在粗骨料的选用阶段加以控制。

在荷载的作用下，针状颗粒（颗粒的长度>该颗粒平均直径的 2.4 倍）和片状颗粒（颗粒的厚度<该颗粒平均直径的 0.4 倍）比卵形颗粒更容易折断、碎裂。针、片状颗粒含量过多必然会导致粗骨料整体承载力的下降，进而给混凝土的抗压强度带来损失。同时针、片状颗粒含量过多也会使混凝土拌合物的流动性降低，进而影响混凝土的浇筑质量。标准规定，混凝土配制强度等级不同，对针、片状颗粒含量的要求也不同，见表 2-9。

表 2-9　针、片状颗粒含量

混凝土强度等级	≥C30	<C30
针、片状颗粒含量（按质量计）/%	≤15	≤25

泥及泥块对混凝土质量的影响机理和影响效果与在砂中的作用相同。标准对混凝土用卵石、碎石的含泥量和泥块含量作出了限制性的规定，见表 2-10。

表 2-10　卵石、碎石中含泥量及泥块含量的限值

混凝土强度等级	≥C30	<C30
含泥量（按质量计）/%	≤1.0	≤2.0
泥块含量（按质量计）/%	≤0.5	≤0.7

（5）压碎指标。

无论是卵石还是碎石，都是根据它们的表面形态命名的。由于它们的产地不同、矿物组成不同，其坚固程度也必然不同。在混凝土中，卵石和碎石作为荷载的主要承受者，其自身的坚固程度会直接影响混凝土的抗压强度。在工程中卵石和碎石的强度采用压碎指标（或称筒压指标，即一定量的石子装进一个特定的钢制容器内，在特定荷载的作用下产生的粒径小

于 2.5 mm 的碎屑的质量与石子总质量之比）表示。压碎指标越小，说明石子的抗压强度越高。标准规定，配制不同强度等级的混凝土时，对压碎指标有不同的要求。

2）检测项目

（1）必检项目，包括筛分析，含泥量，泥块含量，针、片状颗粒含量，压碎指标，堆积密度，表观密度。

（2）特殊要求的检测项目，包括坚固性、碱活性。

3）检验批次

每 400 m³或 600 t 为一检验批，抽取试样一次。

4）试样数量

国家标准《建筑用卵石、碎石》（GB/T 14685—2011）中规定，试样数量应不少于表 2-11 所列数值。

表 2-11　取样数量

最大粒径/mm	10	16	19	26.5	31.5	37.5	63
取样数量/kg	75	84	125	130	230	250	400

5）取样方法

在大石堆上选取分布均匀的 8 个部位，去除表层后，从各部位取等量砂共 8 份，混匀，再采用缩分法将试样缩分至试验用量。

6）检验依据

检验依据有现行国家标准《建筑用卵石、碎石》（GB/T 14685）和行业标准《普通混凝土用砂、石质量及检验方法标准》（JGJ 52）等。

2.4.3　水泥

1）水泥的基本知识

水泥是非常重要的建筑材料之一。生产水泥的主要原料是石灰石、黏土、铁矿石。将它们按一定比例混合后进行磨细，制成生料；将生料投入窑中煅烧成黑色球状物的熟料；再将熟料与少量石膏混合后进行磨细就制成了水泥。水泥的生产过程可以简单地概括为"两磨一烧"。

（1）水泥的品种。

常态下，水泥呈灰色粉末状态。其有效的矿物组成是硅酸钙，由此得名硅酸盐水泥。在硅酸盐水泥中掺入不同的活性混合料，就可以使水泥的某些性能发生改变，从而得到品质各异的水泥。根据掺入的混合料的不同，有以下水泥品种：

普通硅酸盐水泥（P·O）；

矿渣硅酸盐水泥（P·S）；

火山灰硅酸盐水泥（P·P）；

粉煤灰硅酸盐水泥（P·F）；

复合硅酸盐水泥（P·C）。

向上述水泥品种中再加入一些其他的混合料，可以得到具有特殊性质的水泥，如白色水泥、彩色水泥、快硬水泥、道路硅酸盐水泥、高铝水泥、硫铝酸盐水泥、膨胀水泥等，它们统称为特种水泥。

（2）水泥的水化、凝结、硬化与养护。

水泥遇水后，水泥中的硅酸钙等主要矿物组成就会与水发生化学反应（在工程中称为水化反应）。反应生成大量的水化硅酸钙和少量的氢氧化钙，并放出大量的热（在工程中称为水化热）。

水化硅酸钙几乎不溶于水，生成后会立即以胶体微粒的形态析出并聚集成为凝胶。随着水化反应的继续，凝胶越聚越多，逐渐形成具有很高强度的立体网状结构。此时，在宏观上看到的则是水泥浆逐渐失去流动性、开始凝结。凝结的初起时间称为初凝时间，凝结结束的时间称为终凝时间。出于施工的需求，《通用硅酸盐水泥》（GB 175—2007）规定：水泥的凝结时间自水泥加水拌合开始计时；初凝时间不得早于 45 min，终凝时间不得迟于 6.5 h。

伴随着终凝的到来，水泥开始进入硬化阶段，强度越来越高，直至（几乎）全部的硅酸钙完成水化反应，水化硅酸钙的凝胶网体结构的空隙最终被不断析出的凝胶填充成实心体（称为水泥石）。这个过程大约需要经历 28 d（天数自水泥加水拌合开始计算），此时强度基本接近峰值。这个时期是水泥强度增长的重要时期，此期间最初的 7～14 d 内，强度增长速度最快；以后逐渐减缓，28 d 后水泥强度的增长更慢，但可延续几十年。

在此期间，水泥周围的环境温度和湿度对水泥强度的增长具有非常强的影响力。环境温度高，水泥的水化反应速度加快，水泥强度增长的速度也加快；反之，则水泥强度增长的速度就减缓；当温度降至零度以下，水化反应就停止了，水泥强度的增长也就停止了。同时水泥的凝结硬化必须在水分充足的条件下进行。环境湿度大，水泥浆体里的拌合水蒸发慢，浆体里的水分可以满足水泥水化反应的需求。如果环境干燥，水泥浆体里的拌合水很快蒸发，就会使浆体里的水化反应因缺水而不能正常进行，已经形成的水化硅酸钙凝胶网体结构得不到新鲜的水化硅酸钙凝胶的继续充实，致使水泥石的密度不能继续提高、强度无法继续增长。同时由于缺水，还会导致水泥石表面产生干缩裂纹。综上所述，水泥加水拌合后的养护天数、在硬化期内水泥石周围的环境温度与湿度，是与水泥石强度增长关系非常密切的 3 个外界因素，我们称前者为龄期，称后二者为养护条件。水泥石的强度的形成与这 3 个因素密切相关，缺一不可。《通用硅酸盐水泥》（GB 175—2007）规定，水泥强度测定所用的试块，应该在：温度为（28±3）℃，湿度大于 90%，恒温、恒湿环境下分别养护 3 d 和 28 d。这个养护条件简称为水泥的标准养护条件。

（3）强度等级。

水泥的强度等级是水泥的核心技术指标之一。它是由水泥 3 d 龄期和 28 d 龄期的两组标准养护试块，分别进行抗折强度测试与抗压强度测试，所得的 4 组数据共同确定的。对于具有快硬特性的特种水泥（快硬水泥或高铝水泥）除测试 3 d 和 28 d 龄期的抗折与抗压强度外，还应再增加一组 1 d 龄期的标准养护试块抗折强度、抗压强度的测试。

标准中对各品种水泥都划分了强度等级，并由此等级作为水泥的标号（规格）。强度等级分为 32.5、32.5R、42.5、42.5R、52.5、52.5R、62.5、62.5R。其中数字部分代表水泥的强度等级值（单位：MPa）；尾部的 R 代表早强水泥。水泥的实测强度值不得低于该强度等级。

（4）水化热。

水泥的品种不同，其矿物组成不同，水化反应的速度也不同，水化反应产生的热量的多少也不同。水化热对于大体积混凝土的浇筑（如水库混凝土重力坝的浇筑）是极为不利的。因为混凝土的体积大，水化反应产生的热量不易散失，容易被积蓄在混凝土内部，致使混凝土内外温差过大，由此产生的温度应力会使混凝土产生裂缝。进行大体积混凝土浇筑时应选择水化热小的水泥品种配制混凝土。

（5）体积安定性。

水泥硬化过程中产生的不均匀的体积变化称为体积安定性不良。它的存在能导致已硬化的水泥石开裂、变形。这是工程上无法容忍的表现。《通用硅酸盐水泥》（GB 175—2007）规定：体积安定性是水泥的必检项目。体积安定性不良的水泥必须按废品处理，绝不允许用于任何工程。

体积安定性的检测有两种方法：饼法和雷氏夹法。饼法简单易行；雷氏夹法操作较为复杂，但裁判的权威高于饼法，对饼法的不同结论具有否决权。

（6）水泥的质量检验周期。

通过前面关于水泥养护龄期的介绍不难看出，水泥的检验结果最快也要 28 d 之后才能得出。因此，在实际工程中，水泥的检验一定要提前计划、安排，否则可能会影响施工进度。

（7）几项重要规定。

水泥是有保质期的，普通水泥出厂超过 3 个月、快硬水泥出厂超过 1 个月尚未能用完的或对水泥质量有怀疑的，应再次复检，并按检验结果的强度等级使用；

不同品种、不同出厂日期的水泥，不得混堆、混用。

2）检测项目

水泥的检测项目包括体积安定性、初凝时间、终凝时间和强度等级。通用硅酸盐水泥增加的检测项目是比表面积；砌筑水泥增加的检测项目是保水率。

3）检验批次

在同一次进场、同一出厂编号、同一品种、同一强度等级的条件下，袋装水泥：200 t 为一检验批次；散装水泥：500 t 为一检验批次。

4）试样数量

每一检验批次不少于 12 kg。

5）检验依据

检验依据有现行国家标准《通用硅酸盐水泥》（GB 175）和行业标准《砌筑水泥》（GB 3183）等。

2.4.4　混凝土

1）混凝土的基本知识

（1）混凝土的材料组成及其作用。

混凝土是一种非常重要的建筑材料。混凝土是以水泥、水、砂、石，及（必要时掺入的）

少量外加剂或矿物质混合材料为原材料，按适当的比例掺混搅拌均匀而成的，是具有一定黏聚性、流动性的拌合物；再经过浇筑入仓、振捣、养护等施工过程若干天后即可成为具有一定强度、硬度、形状、符合设计要求的人造石（或称人工石）。日常习惯所说的混凝土系指人造石。对于尚未硬化的拌合物，则应明确表述为混凝土拌合物。

水泥石和人造石（混凝土）的概念不同。前者是后者的组成部分；前者不包括砂、石骨料，不能或很少直接、单独应用到工程之中，后者则大量应用于建筑工程；前者单价高，后者单价低。

水泥与水搅拌均匀后成为水泥浆。在混凝土拌合物中，水泥浆包裹在骨料颗粒表面，使骨料颗粒在水泥浆的粘接作用下粘聚在一起，使拌合物具有粘聚性；同时水泥浆在骨料颗粒之间还能起到润滑作用，使拌合物具有一定的流动性。流动性的存在是混凝土拌合物浇筑入仓后，能够充满模内腔的各处角落，使混凝土制成品表面充盈饱满的基本保障。水泥浆还能填充骨料颗粒之间的最后空隙，使混凝土能够获得较好的密实度。

粗、细骨料之间的区别仅在于粒径大小的不同，可以统称为骨料。它们在混凝土中的作用：① 承受荷载，起到人工石的骨架作用；② 占据人工石内部的大量空间，以减少水泥浆的用量，降低混凝土的造价；③ 改善拌合物的和易性。

选用颗粒级配良好的粗、细骨料掺配混凝土的目的就是希望充分发挥骨料大小颗粒之间相互填充的作用，尽可能减少它们之间最终空隙的总和，以达到节省水泥浆、提高混凝土密实度和抗压强度的目的。

（2）混凝土的配合比。

混凝土的配合比是指配制 1 m³ 混凝土拌合物时，所需水泥、水、细骨料、粗骨料的质量（kg）或质量之比（以水泥为 1）。

配合比是否恰当，会影响混凝土拌合物的和易性，影响混凝土的强度和浇筑质量（密实度、抗冻性、抗渗性、耐久性），也会影响混凝土的成本造价。因此在混凝土浇筑施工之前，应当由专业的实验室对配合比进行精心的设计和试配。

混凝土配合比的确定是一个复杂的设计过程，只能在实验室内完成。设计过程如下：

根据设计要求，首先选择经过检验、质量合格、性能适宜的水泥、砂、石，然后根据水泥、砂、石的材性和经验公式，计算出"初步配合比"。

根据初步配合比进行混凝土拌合物的试配、试拌，检测拌合物的和易性，根据和易性的表现不断调整配合比，不断试配、试拌，从中选出和易性满足设计、施工要求的配合比作为"基准配合比"。

以基准配合比为基础，对它的水灰比（水与水泥质量之比）做增减 5% 的改变（用水量不变，只改变水泥用量），共得到 3 个水灰比不同的配合比。按照这 3 个配合比各自分别制作一组抗压试块，经标准养护 28 d 后，分别检测它们的抗压强度，并求出各自的平均值。根据这 3 个平均值绘制强度-水灰比关系曲线，通过该曲线计算出符合混凝土配制强度要求的水灰比，从而得到"计算配合比"。

根据"计算配合比"进行拌合物体积密度的校正，得到"试验室配合比"，并将其下达给混凝土的施工单位。

施工单位根据施工现场砂、石的实测含水率对"试验室配合比"进行修正，调整水、砂、石的用量，形成"施工配合比"下达给生产班组。在生产过程中，还应经常、定期测定现场砂、石的含水率（遇有晴雨变化的天气要增加测定次数），及时调整施工配合比。

在拌制每一盘混凝土之前，对所投入的水泥、水、砂、石及外加剂都要进行认真、严格的称重计量，不能有丝毫的疏忽。对计量器具应每半年进行一次计量标定。

（3）混凝土拌合物的和易性。

混凝土拌合物的和易性是一项很重要的综合性能，由拌合物的流动性、黏聚性、保水性共同组成。它反映了拌合物的工作性能，也可以在一定程度上反映固化后的混凝土质量。

流动性反映拌合物的稠度，反映拌合物在重力和振捣力作用下的流动性能、能够均匀充盈模腔的性能，以及振捣的难易程度和成型的质量；流动性的好坏由坍落度表述；黏聚性反映拌合物的各组成成分分布是否均匀，在拌合物的运输和浇筑入仓过程中是否会出现分层、离析，能否保持拌合物的整体均匀的性能，是否会出现蜂窝、孔洞，从而影响混凝土的密实度和成型质量；保水性反映拌合物保持水分的能力，是否会因泌水影响拌合物整体的均匀性和水泥浆与钢筋的黏接、与骨料表面的黏接，是否会因泌水在混凝土内部形成泌水通道，是否会因水分上浮在混凝土表层形成疏松层。

（4）混凝土的振捣与养护。

在混凝土浇筑的过程中有一个重要的施工工序——振捣，即通过人力或机械的作用迫使混凝土拌合物更好地流动，使拌合物充分密实，从而提高混凝土的密实度和抗压强度。

混凝土强度的增长过程与水泥一样需要一个合适的温度和较高湿度的环境，在工程实际中，现浇混凝土只能在自然环境下，靠人工遮盖或定时洒水的方式进行养护，尽量使混凝土在强度增长期内处于一个良好的温、湿度环境之下，以利于其强度的增长。在施工中，现浇混凝土的强度不仅取决于配合比的设计，也取决于混凝土的实际养护条件和养护龄期。养护条件越接近标准养护条件，混凝土强度测值就越高，反之就越低。

（5）混凝土的质量指标。

混凝土的质量指标包括抗压强度、密实度、抗冻性、抗渗性、抗碳化性、耐腐蚀性、耐久性等。

（6）混凝土的强度等级及测定。

混凝土的抗压强度要比抗拉强度高很多。在实际工程应用中应充分发挥混凝土抗压强度高的优点，尽量避开或设法弥补混凝土抗拉强度低的不足。实际工程中的混凝土强度均指混凝土抗压强度。

混凝土抗压强度是混凝土质量控制的一个核心目标之一。为了方便设计选用和施工质量控制，标准中将混凝土的强度等级划分为：C7.5、C10、C15、C20、C25、C30、C35、C40、C45、C50、C55、C60 等 12 个等级。其中，C 是混凝土的强度等级符号；其后的数字是混凝土立方体抗压强度标准值（单位：MPa）。

混凝土的强度是通过对混凝土立方体抗压试块进行试验测定的。

（7）混凝土立方体抗压试块。

标准规定：一组混凝土立方体抗压试件由 3 个试块组成；用于混凝土强度测试的立方体抗压试块共有 3 种尺寸规格，它们具有同等效力。

标准试块：150 mm×150 mm×150 mm。

非标准试块：100 mm×100 mm×100 mm（测试结果须乘以 0.95 的系数）；200 mm×

200 mm×200 mm（测试结果须乘以 1.05 的系数）

（8）混凝土抗压试块的同条件养护。

和水泥相似，混凝土的最佳养护条件是：温度为（20±3）℃；湿度大于 90%。恒温、恒湿的环境条件被称为混凝土的标准养护条件。这个环境只能在实验室里自动调温、调湿仪器的控制下才能实现。在实际工程中，为了能够了解现浇混凝土强度的真实情况，混凝土抗压试块也必须放在与现浇混凝土相同的自然环境下，以同样的方式进行人工养护，称之为混凝土试件的同条件养护。

（9）测试龄期。

混凝土的强度发展规律和水泥的强度发展规律一样。混凝土的抗压强度自加水搅拌之时起，是逐渐增长的，最初的 7～14 d 内强度增长速度最快，以后逐渐减缓，到 28 d 时强度接近顶峰，28 d 后混凝土强度的增长更慢。国家标准《普通混凝土力学性能试验方法标准》（GB/T 50081—2002）规定：以 28 d 龄期的试件测定的抗压强度为该混凝土的强度值。

在实际施工中，往往因施工进度计划的需要，提前（一般情况下在混凝土浇筑后的 3～14 d 之间）拆除模板和支撑，以便进行下一道工序的施工。在拆除之前首先需要确定该混凝土的强度是否已经达到了可以拆除模板和支撑时的安全强度。所以在拆模之前应对混凝土同条件养护、同龄期的立方体抗压试块进行强度检测。这项检测及所用的试块应在施工进度计划之内提前作出计划安排，在混凝土浇筑时留置出来。

（10）混凝土受压破坏机理。

混凝土受压破坏首先从水泥石与骨料的黏接界面开始。研究证明：在混凝土凝结硬化的过程中，粗骨料与水泥石的界面上就已经存在微小裂缝。裂缝的形成是由于混凝土拌合物泌水形成的水隙、水泥石收缩时形成的界面裂缝。当混凝土受到荷载作用时，裂缝的边缘都成为应力集中的区域。当荷载增大到一定程度时，在应力集中的作用下裂缝会快速扩展、连通。随着荷载的持续，粗骨料与水泥石黏结分离，导致混凝土受压破坏。

（11）混凝土的抗渗强度等级。

混凝土抵抗水渗透的能力称为混凝土的抗渗性。抗渗性对于有抗渗要求的混凝土是一项基本性能。抗渗性能还将直接影响混凝土的抗冻性和抗侵蚀性。混凝土透水是因为混凝土内部的孔隙过多以致形成了渗水通道。这些孔隙主要是多余的拌合水蒸发后留下的孔隙以及水泥浆泌水形成的毛细孔和水隙。

标准中规定：混凝土的抗渗性用抗渗强度等级 P 表示。以龄期 28 d 的标准养护抗渗试件，按规定方法进行抗渗试验。抗渗强度等级根据试件透水的前一个水压等级（不渗水时所能承受的最大水压）来确定。抗渗强度等级共分为 6 级：P2、P4、P6、P8、P10、P12，分别表示能够承受 0.2、0.4、0.6、0.8、1.0、1.2 MPa 的水压。

2）混凝土的主要检测项目

（1）抗压强度。

必检项目：同条件养护、28 d 龄期的抗压强度。

可选择项目：根据标准规定需要增加的某些附加条件的抗压强度检测，如标准养护的抗压强度，不同龄期、同条件养护试件的抗压强度。

（2）抗渗强度。

此项检测是针对有抗渗要求的混凝土而设置的必检项目。受检试块应是标准养护 28 d 龄期的混凝土抗渗试块。如果 28 d 不能及时进行试验，应在标准养护 28 d 期满时将试块移出标准养护室（或养护箱）。

抗渗混凝土如果是在冬季施工期间浇筑的，且混凝土中掺有防冻剂，则这批混凝土除了要进行上述标准养护 28 d 龄期的抗渗强度的检测外，还要增加同条件养护 28 d 龄期的抗渗强度试验。此项也是必检项目。

3）检验批次

（1）抗压强度。

① 每拌制 100 盘（含不足 100 盘），且不超过 100 m³ 的同一配合比的混凝土取样不得少于一次。

② 当连续浇筑混凝土的量超过 1 000 m³ 时，同一配合比混凝土每 200 m³（含不足 200 m³）取样不得少于一次。

③ 每一楼层中同一配合比的混凝土取样不得少于一次。

④ 地面混凝土工程中同一配合比混凝土，每浇筑一层或每 1 000 m²（含不足 1 000 m²）取样不得少于一次。

（2）抗渗强度。

① 连续浇筑同一配合比抗渗混凝土，每 500 m³（含不足 500 m³）取样不得少于一次。

② 每项工程中同一配合比的混凝土取样不得少于一次。

（3）取样组数的确定。

上述取样一次所应包含的试件组数（一组试件仅供一次试验之用），应能满足试验项目的需求。对于龄期和养护条件有不同组合要求的检测，每一个组合都是一个独立的检测项目，都应当有一组与要求条件相吻合的试件与之对应。试验项目的数量应满足标准规定的要求。

4）试样数量

一个检测项目需要对一组试件进行专项检测。一组试件所含试件的数量在相关标准中都有规定，对试件制取的方法也有规定。

（1）用于检测混凝土抗压强度的立方体抗压试块，每组 3 块。

（2）用于检测混凝土抗渗强度的圆台形试块，每组 6 块。

5）试件的现场制作与养护

用于现浇混凝土质量检测试件的制作，必须在混凝土浇筑的施工现场与浇筑施工同时进行，并保证取样的数量满足要求。

6）检测依据

检测依据有现行国家标准《普通混凝土力学性能试验方法标准》（GB/T 50081）和《普通混凝土长期性能和耐久性能试验方法标准》（GB/T 50082）等。

7）混凝土浇筑现场和易性的检测

上述混凝土抗压试块的取样，一般都是在混凝土拌合机开盘后的第一盘料出料后进行，或在浇筑施工过程之中进行。从表面看，这是对混凝土浇筑施工的材料控制，也是对浇筑施工工序的事前和事中控制。但是由于混凝土试块养护期的原因，使得这一控制结果要滞后到28 d 之后才能得到。这就意味着如果混凝土配制的某一环节出了问题，恐怕要到 28 d 之后才能发现，这时一切错误都将难以补救。回顾混凝土配合比的设计过程，不难看出：基准配合比的确定是以和易性的设计要求得到满足为前提的。因此从一定程度上，检查和易性的好坏可以反映混凝土拌合物的质量状况和配合比执行的情况（在水泥、水、砂、石中，只要其中任一个原材料的用量发生变化，都会在不同程度上引起和易性的改变）。因此，标准中规定：除了按取样规则制取抗压试块外，还应该经常地、随机地在混凝土拌合物浇筑入仓之前检测混凝土拌合物的和易性，且每个拌合机台班不得少于 2 次。

和易性包括坍落度、黏聚性和保水性 3 项指标，其中坍落度可以用量化指标进行衡量，但目前尚无量化指标对混凝土的黏聚性和保水性进行评价，只能通过观察进行模糊的评价。如果上述指标和表现出现了较大的偏差，应立即向主管部门报告，以便尽快查出原因，及时纠正。现场和易性的检测是混凝土质量事前、事中控制的重要而有效的手段，对此应有检验记录。

2.4.5 砂 浆

1）砂浆的基本知识

砂浆是一种重要的建筑材料。它是以胶凝材料（石灰和水泥）、水、砂（最大粒径<2.5 mm）为主要原料，必要时掺入少量的混合材料，按适当的比例掺混搅拌成具有一定黏聚性、流动性的拌合物。通过摊、涂、刮、抹等方式，可以使砂浆黏附在建筑物的表面或粘接在块状材料的缝隙之间，经在空气中自然养护，凝结硬化成具有一定硬度、强度、厚度的抹灰层或将块状材料黏接成砌体。

建筑砂浆根据胶凝材料可分为水泥砂浆、石灰砂浆、水泥（石灰）混合砂浆、石膏砂浆；根据用途可分为砌筑砂浆和抹灰砂浆，其中抹灰砂浆还可以细分，如表 2-12 所示。

表 2-12 建筑砂浆的种类

```
                        ┌ 砌筑砂浆
                        │              ┌ 普通抹灰砂浆
                        │              │
              建筑砂浆 ┤              │ 防水砂浆
                        │              │
                        └ 抹灰砂浆 ┤ 吸声砂浆
                                       │
                                       └ 保温砂浆
```

砌筑砂浆主要应用于砌体的砌筑，涂布在砖、砌块、石块之间，起着黏结块材、填充缝隙、承受并传递荷载的作用。它的主要性能体现在拌合物的和易性和硬化后的强度。

抹灰砂浆主要应用于建筑物的表面，起到保护、平整、美观的作用。抹灰砂浆所用砂的最大颗粒粒径应小于 1.25 mm。它的主要性能指标不是强度，而是与抹面基层的黏结力。

2）砌筑砂浆

（1）检测项目。

砌筑砂浆的检测项目是抗压强度。

（2）取样批次与取样方法。

250 m³砌体所用的砂浆为一个检验批次，取样一次。试样应从拌合物的至少3个不同部位同时取得并搅拌均匀。

（3）试件的规格及数量

规格尺寸：立方体 70.7 mm×70.7 mm×70.7 mm。

一组的数量：6块。

（4）试件的制作与养护。

试件的制作程序、方法与要求和混凝土抗压试块一样，也要在施工现场制作。

养护条件为标准养护：水泥砂浆的温度为（20±3）℃，湿度大于90%；水泥石灰混合砂浆的温度为（20±3）℃，湿度 60%～80%。

测试龄期：28 d。

（5）检测依据。

检验依据为国家标准《建筑砂浆基本性能试验方法》（JGJ/T 70）等。

2.4.6 钢筋和钢材

1）建筑用钢的基本知识

由于钢材具有强度高，材质均匀，性能可靠，弹性、韧性、塑性及抗冲击性均好，品种规格多，加工性能优良等特点，使其在建筑领域里的地位越来越重要。钢材的缺点是耐腐蚀性差，易生锈，耐热性差，维护费用高。

钢的化学成分主要是铁以及一些有益的合金元素（碳、硅、锰、钛、铌、铬、钒等），和一些有害元素（磷、硫、氧、氢等）。

建筑钢材包括钢结构用钢（各种型钢、钢板、钢管）、钢筋、预应力钢丝、预应力钢绞线。

（1）钢的分类。

按合金元素的含量分：碳素钢、低合金钢、合金钢。其中，碳素钢又可按含碳量的多少分为低碳钢（含碳量<0.25%）、中碳钢（含碳量 0.25%～0.60%）、高碳钢（含碳量>0.60%）。建筑工程中主要使用低碳钢和低合金钢。

按质量等级分：根据钢材中的磷、硫等有害杂质的含量，碳素钢可分为普通质量、优质、特殊质量 3 个等级；合金钢分为优质和特殊质量 2 个等级。建筑工程主要使用的是普通质量和优质的碳素钢和低合金钢，以及少量的优质合金钢（部分热轧钢筋）。

按钢的脱氧程度分：钢在冶炼过程中不可避免地会有部分铁水被氧化。在铸锭时须进行脱氧处理。由于脱氧的方法不同，钢水在脱氧时的表现也不同，脱氧程度也不同，钢的性能因此也有很大差别。按脱氧的程度不同，可将钢分为：① 沸腾钢（F）。由于脱氧不彻底，铸锭时有 CO 气体从锭模的钢水里上浮冒出，状似"沸腾"，因而得名。其特点是脱氧最不彻底，从钢锭的纵剖面看，化学成分不均匀，有偏析现象，钢的均质性差，成本低。性能和质量能满足一般工程的需要，在建筑结构中应用比较广泛。②镇静钢（Z）。铸锭时钢水在模内平静凝固，故名镇静钢。其特点是脱氧程度彻底、化学成分均匀，钢材的质量好且均质，性能稳定，低温脆性小，冲击韧性高，可焊性好，时效敏感性小，成本高。镇静钢只应用于承受振动、冲击荷载作用的重要的焊接钢结构中。③半镇静钢（b）。脱氧程度、性能质量及成本均介于沸腾钢和镇静钢之间，在建筑结构中应用比较多。④特殊镇静钢（TZ）。脱氧程度、性能、质量及成本均高于镇静钢。

（2）钢的主要性能。

弹性：钢材在荷载作用下产生变形，当荷载消失时，变形同时得到完全恢复的性质。在这个阶段里应力和应变成正比。

塑性：钢材在荷载作用下产生变形，当荷载消失时，变形不能恢复或不能完全恢复的性质。又称屈服变形、塑性变形。

拉伸性能：钢材在拉荷载作用下的各种表现，用以下指标衡量。

弹性模量 E（单位：MPa）：代表钢材抵抗变形的能力。

屈服强度 σ_s 或 $\sigma_{0.2}$（单位：MPa）：代表钢材在荷载作用下从弹性变形阶段进入弹塑性变形（钢材失去抵抗变形的能力出现屈服）时的拐点的应力值。在实际工程应用中，钢材的最大工作应力必须在屈服强度以下一定距离。也就是说，要有一个安全系数，以保证受力部件的工作安全。

抗拉强度 σ_b（也称为极限强度，单位：MPa）：钢材在屈服变形之后继续受到拉伸时，钢材又恢复了一定的抵抗变形的能力。抗拉强度继续提高，同时变形也会快速增加；抗拉强度很快达到峰值，钢材出现颈缩继而塑性断裂。断裂前的最大应力值定义为钢材的抗拉强度。

最大伸长率：也称为破坏伸长率，无量纲。钢筋受拉试验之前，首先在试件的受拉段预设两个标记点，其距离为 $10d$ 或 $5d$（d 为钢筋的公称直径），称为原始标距，用 l_0 表示；受拉破坏后（断口应在两标记点之间）测量两标记点的距离 l_1，计算标距的伸长量（l_1-l_0 与原始标距 l_0 之比即为最大伸长率）。

冷弯性能：在常温下，钢材承受弯曲变形的能力（钢材在受弯后的拱面和侧面不应出现裂纹）。弯曲角度为 $180°$，弯曲半径与钢板的厚度或钢筋的直径有关。

可焊性：钢材在一定的焊接工艺条件下进行焊接，当其焊缝及焊缝附近的热影响区的母材不会产生裂纹或硬脆倾向，且焊接接头部分的强度与母材相近时，则表示钢材的可焊性好。

冷脆性（低温脆性）：当环境温度下降到某一低值时，钢材会突然变脆，抗冲击能力急剧下降，断口呈脆性破坏，这一特性称为冷脆性或低温脆性。在寒冷地区选用钢材时必须 要进行此项评定。钢材的破坏有塑性破坏和脆性破坏之分。钢材的塑性破坏是指钢材在荷载的作用下，先经过较大的塑性变形后发生的破坏。这种破坏有先兆。钢材的脆性破坏是指钢材在荷载的作用下，没有经过明显的塑性变形就突然发生了破坏。这种破坏没有明显先兆。

冲击韧性：钢材在冲击荷载的作用下，抵抗破坏的能力。

时效敏感性：随着时间的推移，钢材的强度会有所提高，塑性和韧性会有所降低的现象。含氧、氮元素多的钢材时效敏感性大，不宜于在动荷载或低温环境下工作。

硬度：在钢材表面，局部体积内抵抗局部变形或破坏的能力。在建筑工程中常用的硬度表示方法有布氏硬度（HB）和洛氏硬度（HRC）。硬度与强度关联紧密且固定。在工程中如遇到难以测定钢材强度的情况时，可通过测定其硬度值来推定其强度。

（3）钢材的冷作强化和时效强化。

① 在常温下，钢材经拉、拔、轧等加工手段使其产生一定量的塑性变形之后，其屈服强度、硬度均得到提高，同时韧性降低。这个现象称为冷作强化（或冷加工强化）。

② 经过冷加工后的钢材若在常温下存放 15～20 d（称自然时效）或在 100～200 ℃ 环境下保温 2 h（称人工时效），其屈服强度会进一步提高，抗压强度也会提高，弹性模量得到恢复，塑性韧性继续降低。这种现象称为时效强化。自然时效和人工时效统称为时效处理。

在建筑工地上，可以经常见到工人对盘条钢筋进行拉直加工。通过拉直可以达到以下效果：拉直更便于后续加工使用使钢筋得到冷作强化和时效强化；使钢筋拉长，降低了钢筋的实际消耗量；钢筋表面的氧化层随钢筋的伸长变形而脱落（得到了除锈的效果）。

（4）钢材的热处理。

钢材的热处理是将钢材按规定的温度和规定的方法进行加热、保温或冷却处理，以改变其内部晶体组织结构，从而获得所需要的机械性能。常见的热处理方法有淬火、回火、退火、正火和表面高频淬火等。其中回火和正火是建筑钢材常用的热处理技术。

淬火：将钢材整体加热到 723 ℃ 以上，保温一定时间后将其迅速放入冷油或冷水中，令其急速冷却，从而提高钢材的强度和硬度，同时脆性增加，韧性降低。淬火的效果与冷却速度密切相关。

表面高频淬火：将钢材放入一个高频、交变的磁场中，使钢材表层产生强大的感生电流，电流使钢材表层在极短的时间内加热到淬火温度后，随即喷水冷却，从而使钢材表层得到淬火。由于这种工艺使钢材的芯部来不及升温就进入了冷却过程，因此能够得到淬火的只能是深度为 1～2 的表层，钢材的芯部依然保持淬火前的状态，故称表面淬火或高频淬火。

回火：经过淬火的钢材的强度、硬度很高，韧性差，难以继续进行加工（除磨削加工外），同时由于淬火过程中，钢材表、里降温的速度不同而产生了一定的内应力，对于钢材是不利的。将淬火钢材再次加热到一定温度，然后在适当的保温条件下使其缓慢冷却至常温，这一工艺方法称为回火。经过回火的钢材，内应力消除了，强度硬度有所下降，硬脆性和韧性得到改善。根据再次加热的温度的不同，回火可分为高温回火（500～680 ℃）、中温回火（350～450 ℃）、低温回火（150～250 ℃）。淬火加高温回火的处理工艺称为调质。

正火：将钢材加热到变相温度并保温一定时间后，置于空气中风冷至常温。正火后，钢材的硬度、强度稍有提高，切削性能得到改善。

退火：将钢材加热到变相温度并长时间保温后缓慢冷却至常温。退火的目的在于降低钢材的硬度、强度，细化组织，消除加工应力。

（5）普通碳素结构钢的牌号。

普通碳素结构钢的牌号组成规则如下：

屈服点符号	屈服强度等级	一质量等级	脱氧程度
Q	（195/215/235/255/275）	（A/B/C/D）	（F/b/Z/TZ）

注：① 质量等级中，A、B 级为普通钢，只保证机械性能，不保证化学成分；C、D 级为优质钢，机械性能、化学成分同时保证。② F、b 级脱氧程度符号必须标注，Z、TZ 级脱氧程度符号可以不标注。③ 屈服强度共分 5 个等级，单位：MPa。

（6）优质碳素结构钢的牌号。

08、10、15、20、25、30、35、40、45、…、85，15Mn、20Mn、25Mn、…、70Mn。

（7）低合金高强度结构钢的牌号。

牌号 Q295、Q345、Q390、Q420、Q460，（Q 为屈服点符号，后面的数字表示屈服强度等级）。

（8）钢筋混凝土用钢的品种及牌号。

钢筋混凝土中主要使用以下 3 种钢筋：

依据国家标准《钢筋混凝土用热轧带肋钢筋》（GB 1499.1—2008），热轧光圆钢筋可以分为 HPR235、HPR300；

依据国家标准《钢筋混凝土用热轧带肋钢筋》（GB 1499.2—2007），热轧带肋钢筋可分为 HRB335、HRB400、HRB500；

细晶粒热轧带肋钢筋可分为 HRBF335、HRBF400、HRBF500。

2）装配式建筑钢筋基本要求

（1）装配式建筑采用的钢筋和预应力钢筋的各项计算指标应符合现行国家标准《混凝土结构设计规范》（GB 50010）的规定。钢筋进场时，应按国家现行相关标准的规定抽取试件作屈服强度、抗拉强度、伸长率、弯曲性能和重量偏差检验，检验结果符合相关标准的规定；预应力钢筋进场时，应按国家现行相关标准的规定抽取试件作抗拉强度、伸长率检验，检验结果符合相关标准的规定。钢筋和预应力筋进场后按品种、规格、批次等分类堆放，并采取防锈防蚀措施。

（2）装配式结构采用的钢材的各项计算指标应符合现行国家标准《钢结构设计规范》（GB 50017）的规定；当装配式结构构件处于外露情况和低温环境时，所使用的钢材性能尚应符合耐大气腐蚀和避免低温冷脆的要求。

（3）有抗震设防要求的装配式结构的梁、柱、墙、支撑中的受力钢筋应根据结构设计对钢筋强度、延性、连接方式及施工适应性等要求，选用下列牌号的钢筋：

① 纵向受力普通钢筋宜采用 HRB400、HRB500、HRBF400、HRBF500，也可采用 HRB335、HRBF335 钢筋；

② 预应力筋宜采用预应力钢丝、钢绞线和预应力螺纹钢筋；

③ 箍筋宜采用 HPB300、HRB335、HRB400、HRB500 钢筋。

（4）按一、二、三级抗震等级设计的框架和斜撑构件，其纵向受力普通钢筋应符合下列要求：

① 钢筋的抗拉强度实测值与屈服强度实测值的比值不应小于 1.25；

② 钢筋的屈服强度实测值与屈服强度标准值的比值不应大于 1.30；

③ 钢筋最大拉力下的总伸长率不应小于 9%。

（5）当预制构件中采用钢筋焊接网片配筋时，应符合现行国家标准《钢筋焊接网混凝土结构技术规程》（JGJ 114）及《冷拔低碳钢丝应用技术规程》（JGJ 19）的规定。

（6）预制构件吊环应采用未经冷加工的 HPB300 钢筋制作。预制构件吊装用内埋式螺母或内埋式吊杆及配套的吊具，应根据相应的产品标准和应用技术规定选用。

2.4.7 保温材料

（1）预制夹心保温构件的混凝土外叶墙板，根据欧洲的相关标准，混凝土外叶墙板属于 A

级防火材料，当厚度为 60 mm 时耐火极限为 30 min，厚度为 80 mm 时耐火极限为 30 min。如果在外叶墙板拼缝处设置一定宽度 A 级防火材料，可以实现整个外墙为 A 级防火材料。参照《民用建筑外保温系统及外墙装饰防火暂行规定》的防火隔离带厚度规定，外叶墙板拼缝处的 A 级防火材料宽度可取为 300 mm。预制夹心保温构件的保温材料除应符合设计要求外，尚应符合现行国家和地方标准要求。

（2）保温材料应按照不同材料、不同品种、不同规格进行存储，单独存放，并有相应防火措施和其他防护措施。

2.4.8　连接件

（1）钢筋连接套管应根据设计要求选择相应的套管种类和配套灌浆材料（如图 2-1 所示），套管的力学指标应符合下列要求：

① 抗拉强度应不小于 450 MPa；

② 伸长率应不小于 2%。

（2）连接件宜采用非金属连接件，以避免连接位置产生局部冷桥。当采用非金属连接件时，应满足防腐和抗老化要求。当选用金属连接件时，除应满足防腐防锈要求外，尚应进行热工计算，避免连接位置出现较大范围冷桥。

图 2-1　灌浆套筒

2.4.9　预埋件

（1）装配式结构中预制构件制作、脱模吊装、运输、安装，施工临时支撑，设备安装，装修等过程均需要设计预埋件（如图 2-2 所示），主要预埋件包含构件脱模、吊装、安装预埋件，设备管线安装预埋件，构件临时固定预埋件，施工脚手架安装预埋件，防护设施预埋件，装修构件固定预埋件等。

（2）预埋件的材料、品种应按照构件制作图要求进行制作，并准确定位。

（3）预埋件应按照不同材料、不同品种、不同规格进行存放。

（4）构件安装预埋件是受力预埋件，重要程度高于其他临时预埋件，应满足防腐防锈要求，参照现行国家标准《钢结构设计规范》（GB 50017）和《建筑钢结构防腐蚀技术规程》（JGJ/T 251）的防腐要求执行，脱模、吊装、临时支撑，施工脚手架、防护设施等临时预埋件仅在构件生产和安装过程中使用，可满足防锈要求。安装预埋件的防腐防锈应满足现行国家标准《工业建筑防腐蚀设计规范》（GB 50046）和《涂装前钢材表面锈蚀等级和防锈等级》（GB/T 8923）的规定。

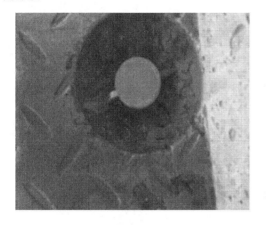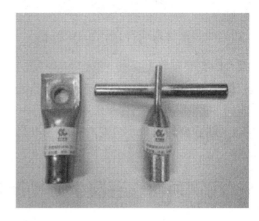

图 2-2　PC 构件模具

2.4.10　其他材料

　　1）门窗框
　　（1）门窗框应有产品合格证和出厂检验报告，品种、规格、性能、型材壁厚、连接方式等应满足设计要求和现行相关标准要求。
　　（2）当门窗框直接安装在预制构件中时，应在模具上设置限位件进行固定。如果门窗框在构件安装完成后二次安装，宜在预制混凝土构件中设置副框，以提高门窗安装精度。副框的规格和位置应根据不同门窗厂家提供的技术条件图包含在构件制作图中。
　　（3）门窗框应采取包裹或者覆盖等保护措施，生产和吊装运输过程中不得污染、划伤和损坏。

　　2）外装饰材料
　　（1）石材和面砖等外装饰材料应有产品合格证和出厂检验报告，质量应满足现行相关标准要求。
　　（2）石材和面砖应按照构件设计图编号、品种、规格、颜色、尺寸等分类标识存放。
　　（3）当采用面砖外装饰面时，应根据建筑物所处环境选择面砖种类。考虑到面砖可能会出现脱落，建筑高度超过 100 m 不宜采用面砖作为外装饰面。面砖背面应设计成燕尾槽，燕尾槽尺寸应符合相关标准要求。
　　（4）当采用石材饰面时，厚度 25 mm 以上的石材应对石材背面进行处理，并安装不锈钢卡件，卡件应与混凝土板可靠连接，直径不宜小于 4 mm。卡件宜采用竖向梅花形布置，卡件的规格、位置、数量应根据计算确定，卡件计算时应考虑构件吊装动力系数。日本的花岗岩饰面一般都采用不锈钢卡件与混凝土外叶墙板固定，花岗岩板厚度不小于 25 mm，背面刷环氧类树脂胶，防止石材与混凝土直接接触造成石材表面反碱。不锈钢卡件在花岗岩板内的缝隙用环氧类树脂胶灌实，花岗岩一般每 0.1 m² 左右面积设置一个不锈钢卡件，卡件宜采用竖向梅花形布置，同时考虑构件吊装翻转，水平向也宜设置一定数量的卡件。卡件一般采用梅花形多列布置，每块花岗岩板至少设置 4 个卡件。如果花岗岩宽度小于 350 mm，卡件可单列布置。

其他外装饰材料应符合相关标准规定。

3）防水密封胶条

（1）防水密封胶条应有产品合格证和出厂检验报告，质量和耐久性应满足现行相关标准要求。

（2）防水密封胶条不应在构件转角处搭接。

2.5 实训项目：混凝土和钢筋检验批的质量检验

1）混凝土的强度质量检验

混凝土的强度质量的检验工作与方法可按照表 2-13 开展。评价标准如表 2-14 所示。

表 2-13 混凝土强度质量检验表

序号	工作步骤	工作任务与方法			能力要求
1	针对工作任务搜集有关资料及采集相关信息	工作准备：搜集相关资料、文件、教材、参考书。 必备资料： 搜集地质报告、《建筑工程施工质量验收统一标准》（GB 50300—2013）、《混凝土结构工程施工质量验收规范》（GB 50204—2015）。			具有收集相关资料、采集信息、的能力
2	工作目标决策	完成质量检验： ①现场检验情况； ②自检完成情况； ③相关单位协调情况。			明确确定工作目标的能力
3	制定完成该任务的计划	根据工作目标要求，确定工作计划（2 个学时内完成）			具备工作任务分解和计划安排的能力
		工作任务	确定检验条件	编写检验记录	
		完成时间			
		负责人			
4	具体工作过程	①确定评定方法； ②编写评定记录。			具有混凝土强度质量评定能力
5	检查评定	见表 2-14			

表 2-14　混凝土强度质量评定能力评价标准

工作任务		分值	评分标准（指标内涵）		评分等级				学生评价	教师评评
			A	C	A	B	C	D		
工作资讯		10	搜集地质报告、《建筑工程施工质量验收统一标准》、（GB 50300—2013）《混凝土结构工程施工质量验收规范》（GB 50204—2015）等	搜集到部分地质报告、《建筑工程施工质量验收统一标准》（GB 50300—2013）、《混凝土结构工程施工质量验收规范》（GB 50204—2015）等						
工作目标		10	通过展开研讨，确定形成完整的检验记录的目标	由教师确定形成完整的检验记录的目标						
工作计划		30	对整个工作过程全面进行设计，确定工作步骤、时间安排。	对整个工作过程进行了比较全面的设计，基本确定工作步骤、时间安排。						
实施	检质量检验记录	40	水泥砂浆防水层质量检验全面，完全符合《建筑工程施工质量验收统一标准》（GB 50300—2013）、《混凝土结构工程施工质量验收规范》（GB 50204—2015）要求	水泥砂浆防水层质量检验基本全面，完全符合《建筑工程施工质量验收统一标准》（GB 50300—2001）、《混凝土结构工程施工质量验收规范》（GB 50204—2015）要求						
	检验记录质量	10	填写无错误，经过监理单位审查并签章	经过整改，填写无错误，监理单位审查并签章						
合计		100			得分					
					权重				00.2	00.8
					实得分					

2）钢筋加工检验批质量检验

钢筋加工检验批质量检验方法和质量标准如下：

（1）主控项目。

受力钢筋的弯钩和弯折应符合下列规定：

① HPB300 级钢筋末端应作 180°弯钩，其弯弧内直径不应小于钢筋直径的 2.5 倍，弯钩的弯后平直部分长度不应小于钢筋直径的 3 倍。

② 当设计要求钢筋末端需作 135°弯钩时，HRB335 级、HRB400 级钢筋的弯弧内直径不应小于钢筋直径的 4 倍，弯钩的弯后平直部分长度应符合设计要求。

③钢筋作不大于90°的弯折时，弯折处的弯弧内直径不应小于钢筋直径的 5 倍。

检查数量：按每工作班同一类型钢筋、同一加工设备抽查不应少于 3 件。

检验方法：钢尺检查。

除焊接封闭式箍筋外，箍筋的末端应作弯钩，弯钩形式应符合设计要求；当设计无具体要求时，应符合下列规定：

①箍筋弯钩的弯弧内直径除应满足上述规定外，尚应不小于受力钢筋直径。

②箍筋弯钩的弯折角度：对一般结构，不应小于90°；对有抗震等要求的结构，应为135°。

③箍筋弯后平直部分长度：对一般结构，不宜小于箍筋直径的 5 倍；对有抗震等要求的结构，不应小于箍筋直径的 10 倍和 75 mm。

检查数量：按每工作班同一类型钢筋、同一加工设备抽查不应少于 3 件。

检验方法：钢尺检查。

说明：对各种级别普通钢筋弯钩、弯折和箍筋的弯弧内直径、弯折角度、弯后平直部分长度分别提出了要求。受力钢筋弯钩、弯折的形状和尺寸，对于保证钢筋与混凝土协同受力非常重要。根据构件受力性能的不同要求，合理配置箍筋有利于保证混凝土构件的承载力，特别是对配筋率较高的柱、受扭的梁和有抗震设防要求的结构构件更为重要。

对规定抽样检查的项目，应在全数观察的基础上，对重要部位和观察难以判定的部位进行抽样检查。抽样检查的数量通常采用"双控"的方法。

（2）一般项目

钢筋调直宜采用机械方法，也可采用冷拉方法。当采用冷拉方法钢筋时，HPB300 级的钢筋的冷拉率不宜大于 4%，HRB335 级、HRB400 级和 RRB400 级钢筋的冷拉率不宜大于 1%。

检查数量：按每工作班同一类型钢筋、同一加工设备抽查不应少于 3 件。

检验方法：观察、钢尺检查。

说明：盘条供应的钢筋使用前需要调直。调直宜优先采用机械方法，以有效控制调直钢筋的质量；也可采用冷拉方法，但应控制冷拉伸长率，以免影响钢筋的力学性能。

钢筋加工的形状、尺寸应符合设计要求，其偏差应符合表 2-15 的规定。

检查数量：按每工作班同一类型钢筋、同一加工设备抽查不就少于 3 件。

检验方法：钢尺检查。

表 2-15　钢筋加工的允许偏差

项　　目	允许偏差/mm
受力钢筋顺长度方向全长的净尺寸	±10
弯起钢筋的弯折位置	±20
箍筋内净尺寸	±5

说明：本条提出了钢筋加工形状、尺寸偏差的要求。其中，箍筋内净尺寸是新增项目，对保证受力钢筋和箍筋本身的受力性能都较为重要。

钢筋加工检验批质量检验工作可按表 2-16 开展。

表 2-16　钢筋加工检验批质量检验表

编号	工作步骤	工作任务与方法	能力要求
1	针对工作任务搜集有关资料及采集相关信息	工作准备：搜集相关资料、文件、教材、参考书。 必备资料搜集： ①《建筑工程施工质量验收统一标准》（GB 50300—2013）； ②《混凝土结构工程施工质量验收规范》（GB 50204—2015）； ③《建筑结构施工图》； ④ 钢筋配料单完成质量检验	具有收集相关资料、采集信息、的能力
2	工作目标决策	① 现场检验情况 ② 自检完成情况 ③ 质量检验填写情况 ④ 相关单位协调情况	明确确定工作目标的能力
3	制定完成该任务的计划	根据工作目标要求，确定工作计划（2个学时内完成） 工作任务　确定检验条件　编写检验记录 完成时间 负责人	具备工作任务分解和计划安排的能力
4	具体工作过程	① 确定检验条件； ② 编写检验记录（见表2-17）	具有质量检验能力
5	检查评定	见表2-18	

表 2-17　钢筋加工检验批质量验收记录表（GB 50204—2015）

单位（子单位）工程名称						
分部（子分部）工程名称				验收部位		
施工单位				项目经理		
施工执行标准名称及编号						
施工质量验收规范的规定				施工单位检查评定记录		监理（建设）单位验收记录
主控项目	1	力学性能检验	第5.2.1条			
	2	抗震用钢筋强度实测值	第5.2.2条			
	3	化学成分等专项检验	第5.2.3条			
	4	受力钢筋的弯钩和弯折	第5.3.1条			
	5	箍筋弯钩形式	第5.3.2条			
一般项目	1	外观质量	第5.2.4条			
	2	钢筋调直	第5.3.3条			
	3　钢筋加工的形状、尺寸	受力钢筋顺长度方向全长的净尺寸	±10			
		弯起钢筋的弯折位置	±20			
		箍筋内净尺寸	±5			
施工单位检查评定结果		专业工长（施工员）			施工班组长	
		项目专业质量检查员：			年　月　日	
监理（建设）单位验收结论		专业监理工程师： （建设单位项目专业技术负责人）：			年　月　日	

表 2-18　钢筋加工检验批质量检验能力评价标准

工作任务		分值	评分标准（指标内涵）		评分等级				学生自评	教师评价
			A	C	A	B	C	D		
工作资讯		10	搜集《建筑工程施工质量验收统一标准》（GB 50300—2013）、《混凝土结构工程施工质量验收规范》（GB 50204—2015）。《建筑结构施工图》钢筋配料单等	搜集到部分《建筑工程施工质量验收统一标准》（GB 50300—2013）、《混凝土结构工程施工质量验收规范》（GB 50204—2015）。《建筑结构施工图》钢筋配料单等						
工作目标		10	通过展开研讨，确定形成完整的检验记录的目标	由教师确定形成完整的检验记录的目标						
工作计划		30	对整个工作过程全面进行设计，确定工作步骤、时间安排。	对整个工作过程进行了比较全面的设计，基本确定工作步骤、时间安排。						
实施	检验记录	40	钢筋加工质量检验全面，完全符合《建筑工程施工质量验收统一标准》（GB 50300—2013）、《混凝土结构工程施工质量验收规范》（GB 50204—2015）、《建筑结构施工图》钢筋配料单等	钢筋加工质量检验基本全面，完全符合《建筑工程施工质量验收统一标准》（GB 50300—2013）、《混凝土结构工程施工质量验收规范》（GB 50204—2015）、《建筑结构施工图》钢筋配料单等						
	检验记录质量	10	填写无错误，经过监理单位审查并签章	经过整改，填写无错误，监理单位审查并签章						
合计		100			得分					
					权重				0.2	0.8
					实得分					

练　习

1. 装配式混凝土结构材料检测应包括哪些内容？
2. 装配式木结构材料检测应包括哪些内容？
3. 装配式钢结构材料检测应包括哪些内容？
4. 混凝土浇筑现场和易性如何检测？

3 装配式混凝土结构质量检测

3.1 混凝土预制构件制作质量检查与验收

3.1.1 生产模具的检查

1）模具设计要求

预制构件模具由底模和侧模构成（如图 3-1 所示），底模为定模，侧模为动模，模具要易于组装和拆卸。制作预制混凝土构件模具优先采用钢制底模或者铝模，其循环使用次数可达上千次，可大大节约周转成本。根据具体情况也可采用其他材料模具，比如有些异型且周转次数较少的预制混凝土构件，可采用木模具、高强塑料模具或其他材料模具。木模具、塑料模具和其他材质模具，均应满足易于组装和脱模要求、并能够抵抗可预测的外来因素撞击和适合蒸汽养护。

图 3-1　PC 构件模具

不管是钢模具、木模具还是其他材料模具，模具本身应满足混凝土浇筑、脱模、翻转、起吊时刚度和稳定性要求，模具与混凝土接触面的表面应均匀涂刷隔离剂，并便于清理和涂刷脱模剂。使用之前，检查模具的表面，对模具和预埋件定位架等部位进行清理，且满足以下要求：

（1）模具表面光滑，没有划痕、生锈、氧化层脱落等现象。

（2）模具规格化、标准化、定型化，便于组装成多种尺寸形状。

（3）模具组装宜采用螺栓或者销钉连接，严禁敲打。

2）模具组装要求

模具拼装应牢固、尺寸准确、拼装严密、不漏浆，组装完成后尺寸允许偏差应符合表 3-1

要求，考虑到模具在混凝土浇筑振捣过程中会有一定程度的胀模现象，故净尺寸宜比构件尺寸缩小 1～2 mm。对所有的生产模具进行全数检查，当所有尺寸精度满足要求后才能投入使用。

表 3-1　模具组装尺寸允许偏差

测定部位		允许偏差/mm	检验方法
长度	$L \leq 6$ m	（-2，1）	用钢尺量平行构件高度方向，取其中偏差绝对值较大处
	6 m$<L \leq 12$ m	（-4，2）	
	$L>12$ m	（-5，3）	
截面尺寸	墙板	（-2，1）	用钢尺测量两端或者中部，取其中偏差绝对值较大处
	其他构件	（-4，2）	
对角线误差		3	细线测量纵横两个方向对角线尺寸，取差值
底模平整度		2	对角用细线固定，钢尺测量细线到底模各点距离的差值，取最大值
侧板高差		2	钢尺两边测量取平均值
表面凸凹		2	靠尺和塞尺检查
扭曲		2	对角线用细线固定，钢尺测量中心点高度差值
翘曲		2	四角固定细线，钢尺测量细线到钢模边距离，取最大值
弯曲		2	四角固定细线，钢尺测量细线到钢模顶距离，取最大值
侧向扭曲	$H \leq 300$		侧模两对角用细线固定，钢尺测量中心点高度
	$H>300$		侧模两对角用细线固定，钢尺测量中心点高度

注：L 为模具与混凝土接触面中最长边的尺寸。

由于场地某些因素会导致模具扭翘和变形，故现场堆放模具时，要求摆放场地坚固平整、坚固，同时场地应做好排水措施。

3.1.2　构件的制作与检验

1）一般规定

预制混凝土构件生产应在工厂或符合条件的现场进行，生产线及生产设备应符合相关行业技术标准要求。构件生产企业应依据构件制作图进行预制混凝土构件的制作，并应根据预制混凝土构件型号、形状、重量等特点制定相应的工艺流程，明确质量要求和生产各阶段质量控制要点，编制完整的构件制作计划书，构件生产企业应建立构件制作全过程的计划管理和质量管理体系，以提高生产效率，确保预制构件质量。

预制混凝土构件生产企业应建立构件标识系统，标识系统应满足唯一性要求。构件脱模后应在其表面醒目位置对 PC 构件生产所需的原材料、部件等进行分类标识，按制作图要求进行编码（如图 3-2 所示），构件编码系统应包括构件种类、型号、质量情况、使用部位、外观、生产日期（批次）及检测和检查状态（合格）字样，表面的标识应清晰、可靠，以确保能够识别预制构件的"身份"，如有必要，尚需通过约定标识表示构件在结构中安装的位置和方向、吊运过程中的朝向等，并在施工全过程中对发生的质量问题可追溯，加强生产过程中的质量控制。不合格构件应用明显标志在构件显著位置标识，使不合格产品的原材料和部件来源具有可查性。不合格构件应单独存放并集中处理，远离合格构件区域。构件编码所用材料宜为水性环保涂料或塑料贴膜等可清除材料。

图 3-2   PC 构件二维码标识

为保证预制构件质量，各工艺流程必须由相关专业技术人员进行操作，专业技术人员应经过基础知识和实物操作培训，并符合上岗要求。在构件生产之前应对各分项工程进行技术交底，并对员工进行专业技术操作技能的岗位培训。上道工序质量检测结果不符合设计要求、相关标准规定和合同要求时，不应进行下道工序。

2）预制混凝土构件制作要求

（1）根据循环使用次数等相关条件选择模具。

模具组装应保证能够彻底清扫，确保不弯曲、不变形等，尺寸、轴线和角度必须正确。组装后尺寸偏差应符合表 3-1 规定，检查表见表 3-2。

按照组装顺序组装模具，对于特殊构件，当要求钢筋先入模后组装模具时，应严格按照操作步骤执行。

带外装饰面的预制混凝土构件宜采用水平浇筑一次成型反打工艺，应符合下列要求：

① 外装饰石材、面砖的图案、分割、色彩、尺寸应符合设计要求；

② 外装饰石材、面砖铺贴之前应清理模具，并按照外装饰敷设图的编号分类摆放；

③ 石材和底模之间宜设置垫片保护；

④ 石材入模敷设前，应根据外装饰敷设图核对石材尺寸，并提前在石材背面涂刷界面处理剂；

⑤ 石材和面砖敷设前应在按照控制尺寸和标高在模具上设置标记，并按照标记固定和校正石材和面砖；

表 3-2　模具检查表

工程项目名称：

建设单位：　　　　　　　　　　　　　　　　设计单位：

施工单位：　　　　　　　　　　　　　　　　监理单位：

构件生产企业：　　　　　　　　　　　　　　构件类型：

构件编号：　　　　　　　　　　　　　　　　图纸编号：

检查日期：

检查项目		允许偏差/mm	设计值	实测值	调整后实测值	判定
边长		±2				合　否
对角线误差		3				合　否
底模平整度		2				合　否
侧板高差		2				合　否
表面凸凹		2				合　否
扭曲		2				合　否
翘曲		2				合　否
弯曲		2				合　否
侧向扭曲	$H \leq 300$	1.0				合　否
	$H > 300$	2.0				
外观		凹凸、破损、弯曲、生锈				合　否

验收意见：

构件生产企业（公章）： 责任人（签字）： 　　　　　　　年　月　日	协作单位（公章）： 责任人（签字）： 　　　　　　　年　月　日
设计单位（公章）： 责任人（签字）： 　　　　　　　年　月　日	施工单位（公章）： 责任人（签字）： 　　　　　　　年　月　日
监理单位（公章）： 责任人（签字）： 　　　　　　　年　月　日	建设单位（公章）： 责任人（签字）： 　　　　　　　年　月　日

⑥ 石材和面砖敷设后表面应平整，接缝应顺直，接缝的宽度和深度应符合设计要求；

钢筋骨架和网片应符合现行国家标准《混凝土结构工程施工质量验收规范》（GB 50204）的相关要求。

① 钢筋骨架尺寸应准确，骨架吊装时应采用多吊点的专用吊架，防止骨架产生变形。

② 保护层垫块宜采用塑料类垫块，且应与钢筋骨架或网片绑扎牢固；垫块按梅花状布置，

间距满足钢筋限位及控制变形要求。

③ 钢筋骨架入模时应平直、无损伤，表面不得有油污或者锈蚀。

④ 钢筋骨架应轻放入模。

⑤ 应按构件图安装好钢筋连接套管、连接件、预埋件。

⑥ 钢筋网片或骨架装入模具后，应按设计图纸要求对钢筋位置、规格、间距、保护层厚度等进行检查，检查表见表3-3，允许偏差应符合表3-4规定。

表3-3　混凝土浇筑前钢筋检查表

工程项目名称：

建设单位：　　　　　　　　　　　　　　　设计单位：

施工单位：　　　　　　　　　　　　　　　监理单位：

构件生产企业：　　　　　　　　　　　　　构件类型：

构件编号：　　　　　　　　　　　　　　　图纸编号：

检查日期：

检查项目		允许偏差/mm	实测值	调整后实测值	判定
绑扎钢筋网	长、宽	±10			合　否
	网眼尺寸	±20			合　否
绑扎钢筋骨架	长	±10			合　否
	宽、高	±5			合　否
	钢筋间距	±10			合　否
受力钢筋	位置	±5			合　否
	排距	±5			合　否
	保护层	满足设计要求			合　否
绑扎钢筋、横向钢筋间距		±20			合　否
箍筋间距		±20			合　否
钢筋弯起点位置		±20			合　否
验收意见：					
构件生产企业（公章）： 责任人（签字）： 　　　　　　　年　月　日			协作单位（公章）： 责任人（签字）： 　　　　　　　年　月　日		
设计单位（公章）： 责任人（签字）： 　　　　　　　年　月　日			施工单位（公章）： 责任人（签字）： 　　　　　　　年　月　日		
监理单位（公章）： 责任人（签字）： 　　　　　　　年　月　日			建设单位（公章）： 责任人（签字）： 　　　　　　　年　月　日		

表 3-4　钢筋网或钢筋骨架尺寸和安装位置偏差

项目		允许偏差/mm	检验方法
绑扎钢筋网	长、宽	±10	钢尺检查
	网眼尺寸	±20	钢尺量连续三档，取最大值
绑扎钢筋骨架	长	±10	钢尺检查
	宽、高	±5	钢尺检查
	钢筋间距	±10	钢尺量两端、中间各一点
受力钢筋	位置	±5	钢尺量测两端、中间各一点，取较大值
	排距	±5	
	保护层　柱、梁	±5	钢尺检查
	保护层　楼板、外墙板楼梯、阳台板、	±3	钢尺检查
绑扎钢筋、横向钢筋间距		±20	钢尺量连续三档，取最大值
箍筋间距		±20	钢尺量连续三档，取最大值
钢筋弯起点位置		±20	钢尺检查

⑦ 固定在模板上的连接套管、外装饰敷设、预埋件、连接件、预留孔洞位置的偏差应符合表 3-5 的规定。

表 3-5　连接套管、外装饰敷设、预埋件、连接件、预留孔洞的允许偏差

项目		允许偏差/mm	检验方法
钢筋连接套管	中心线位置	±3	钢尺检查
	安装垂直度	1/40	拉水平线、竖直线测量两端差值且满足连接套管施工误差要求
	套管内部、注入/排出口的堵塞		目视
外装饰敷设	图案、分割、色彩、尺寸		与构件制作图对照及目视
预埋件（插筋、螺栓、吊具等）	中心线位置	±5	钢尺检查
	外露长度	（0，5）	钢尺检查且满足连接套管施工误差要求
	安装垂直度	1/40	拉水平线、竖直线测量两端差值且满足施工误差要求
连接件	中心线位置	±3	钢尺检查
	安装垂直度	1/40	拉水平线、竖直线测量两端差值且满足连接套管施工误差要求
预留孔洞	中心线位置	±5	钢尺检查
	尺寸	（0，8）	钢尺检查
其他需要先安装的部件	安装状况：种类、数量、位置、固定状况		与构件制作图对照及目视

注：钢筋连接套管除应满足上述指标外，尚应符合套管厂家提供的允许误差值和施工允许误差值。

⑧ 混凝土浇筑前，应逐项对模具、垫块、外装饰材料、支架、钢筋、连接套管、连接件、预埋件、吊具、预留孔洞等进行检查验收，并做好隐蔽工程记录。检查表见表 3-6。

表 3-6　混凝土浇筑前其他部件检查表

工程项目名称：

建设单位：　　　　　　　　　　　　　　　　设计单位：

施工单位：　　　　　　　　　　　　　　　　监理单位：

构件生产企业：　　　　　　　　　　　　　　构件类型：

构件编号：　　　　　　　　　　　　　　　　图纸编号：

检查日期：

检查项目		允许偏差/mm	实测值	调整后实测值	判定
钢筋连接套管	中心线位置	±3			合　否
	安装垂直度	1/40			合　否
	套管内部、注入、排出口的堵塞				合　否
外装饰敷设	图案、分割、色彩、尺寸				合　否
预埋件（插筋、螺栓、吊具等）	中心线位置	±5			合　否
	外露长度	（0，5）			合　否
	安装垂直度	1/40			合　否
连接件	中心线位置	±3			合　否
	安装垂直度	1/40			合　否
预留孔洞	中心线位置	±5			合　否
	尺寸	（0，8）			合　否
其他需要先安装的部件	安装状况				

验收意见：

构件生产企业（公章）： 责任人（签字）： 　　　　　　年　月　日	协作单位（公章）： 责任人（签字）： 　　　　　　年　月　日
设计单位（公章）： 责任人（签字）： 　　　　　　年　月　日	施工单位（公章）： 责任人（签字）： 　　　　　　年　月　日
监理单位（公章）： 责任人（签字）： 　　　　　　年　月　日	建设单位（公章）： 责任人（签字）： 　　　　　　年　月　日

2）混凝土浇筑

混凝土浇筑时应符合下列要求：

（1）混凝土应均匀连续浇筑，投料高度不宜大于 500 mm；

（2）混凝土浇筑时应保证模具、门窗框、预埋件、连接件不发生变形或者移位，如有偏差应采取措施及时纠正；

（3）混凝土应边浇筑、边振捣。振捣器宜采用振捣棒，平板振动器辅助使用；

（4）混凝土从出机到浇筑时间及间歇时间不宜超过 40 min。

预制混凝土构件宜采用水平浇筑成型工艺。带夹心保温材料的构件，底层混凝土强度达到 1.2 MPa 以上时方可进行保温材料敷设，保温材料应与底层混凝土固定，当多层敷设时上下层接缝应错开。当采用垂直浇筑成型工艺时，保温材料可在混凝土浇筑前放置。连接件穿过保温材料处应填补密实。

3）混凝土养护

浇筑后，混凝土养护可采用覆盖浇水和塑料薄膜覆盖的自然养护、化学保护膜养护和蒸汽养护方法。梁、柱等体积较大预制混凝土构件宜采用自然养护方式；楼板、墙板等较薄预制混凝土构件或冬期生产预制混凝土构件，宜采用蒸汽养护方式，蒸汽养护的要求参照鹿岛建设株式会社提供的《构架式混凝土结构设计与施工技术指南》制定。预制混凝土构件蒸汽养护应严格控制升降温速率及最高温度，养护过程应注意：

（1）预制构件浇筑完毕后应进行养护，可根据预制构件的特点选择自然养护、自然养护加养护剂或加热养护方式。

（2）加热养护制度应通过试验确定，宜在常温下预养护 2～6 h，升、降温度不应超过20 ℃/h，最高温度不宜超过 70 ℃，预制构件脱模时的表面温度与环境温度的差值不宜超过25 ℃

（3）夹芯保温外墙板采取加热养护时，养护温度不宜大于 50 ℃，以防止保温材料变形造成对构件的破坏。

（4）预制构件脱模后可继续养护，养护可采用水养、洒水、覆盖和喷涂养护剂等一种或几种相结合的方式。

（5）水养和洒水养护的养护用水不应使用回收水，水中养护应避免预制构件与养护池水有过大的温差，洒水养护次数以能保持构件处于润湿状态为度，且不宜采用不加覆盖仅靠构件 表面洒水的养护方式。

（6）当不具备水养或洒水养护条件或当日平均温度低于 5 ℃时，可采用涂刷养护剂方式；养护剂不得影响预制构件与现浇混凝土面的结合强度。

4）脱模与表面修补

构件蒸汽养护后，控制构件蒸汽养护脱罩时内外温差小于 20 ℃，以免由于构件温度梯度过大造成构件表面裂缝。构件脱模应严格按照顺序拆除模具，不得使用振动方式拆模。构件脱模时应仔细检查确认构件与模具之间的连接部分完全拆除后方可起吊。

预制构件脱模时如果混凝土强度不足，会造成构件变形、棱角破损、开裂等现象，为保证构件结构安全和使用功能不受影响，PC 构件脱模起吊时，应根据设计要求或具体生产条件确定所需的混凝土标准立方体抗压强度，并满足下列要求：

（1）脱模混凝土强度应不小于 15 MPa；

（2）外墙板、楼板等较薄预制混凝土构件起吊时，混凝土强度应不小于 20 MPa；

（3）梁、柱等较厚预制混凝土构件起吊时，混凝土强度不应小于 30 MPa。

（4）对于预应力预制混凝土构件及脱模后需要移动的预制混凝土构件，脱模时的混凝土立方体抗压强度应不小于混凝土设计强度的 75%。

构件脱模后，不存在影响结构性能、钢筋、预埋件或者连接件锚固的局部破损和构件表面的非受力裂缝时；可用修补浆料进行表面修补后使用，详见表 3-7。构件表面修补参照鹿岛建设株式会社提供的《构架式混凝土结构设计与施工技术指南》和日本建筑学会《预制混凝土工程》JASS10 制定。构件表面修补后应重新进行检查验收。构件脱模后，构件外装饰材料出现破损应进行修补。对于表面面砖出现破损应采用同规格面砖用黏接剂重新粘贴；如果花岗岩表面出现严重破损，应作为废品处理。

表 3-7　构件表面破损和裂缝处理方案

项目		处理方案	检查依据与方法
破损	（1）影响结构性能且不能恢复的破损	废弃	目测
	（2）影响钢筋、连接件、预埋件锚固的破损	废弃	目测
	（3）上述（1）（2）以外的，破损长度超过 20 mm	修补①	目测、卡尺测量
	（4）上述（1）（2）以外的，破损长度 20 mm 以下	现场修补	
裂缝	（1）影响结构性能且不可恢复的裂缝	废弃	目测
	（2）影响钢筋、连接件、预埋件锚固的裂缝	废弃	目测
	（3）裂缝宽度大于 0.3 mm、且裂缝长度超过 300 mm	废弃	目测、卡尺测量
	（4）上述（1）（2）（3）以外的，裂缝宽度超过 0.2 mm	修补②	目测、卡尺测量
	（5）上述（1）（2）（3）以外的，宽度不足 0.2 mm，且在外表面时	修补③	目测、卡尺测量

注：①用不低于混凝土设计强度的专用修补浆料修补。
　　②用环氧树脂浆料修补。
　　③用专用防水浆料修补。

5）起吊

构件起吊应平稳，楼板应采用专用多点吊架进行起吊，复杂构件应采用专门的吊架进行起吊。楼板应多点起吊，如果非预应力叠合楼板可以利用桁架筋起吊，吊点的位置应根据计算确定；预应力楼板吊点应由设计确定。复杂构件需要设置临时固定工具，吊点和吊具应进行专门设计。

3.1.3　构件质量验收

1）一般规定

预制构件不得存在影响结构性能或装配、使用功能的外观缺陷。对于存在的一般缺陷应采用专用修补材料按修补方案要求进行修复和表面处理。构件的外观质量要求和检验方法应符合表 3-8 的规定。

表 3-8 预制构件的外观质量质量要求及检查方法

项次	项目		质量要求	检查方法
1	露筋		不应有	对构件各个面进行目测
2	蜂窝		表面上不允许	对构件每个面进行目测然后用尺量出尺寸
3	麻面		表面上不允许	目测
4	硬伤、掉角		不允许，碰伤后要立即修复	
5	饰面空鼓、起砂、起皮、漏抹		不应有	目测
6	裂缝	门窗 角裂	不应有	目测

预制混凝土构件质量验收按照构件和结构性能分项进行验收。结构性能检验不合格的预制混凝土构件不得作为结构构件使用。

当预制混凝土构件质量验收符合本规程规定时，构件质量评定为合格。构件质量验收表见表 3-9。预制混凝土构件质量经检验，不符合本规程要求，但不影响结构性能、安装和使用时，允许进行修补处理。修补后应重新进行检验，符合本规程要求后，修补方案和检验结果应记录存档。

2）质量验收

预制混凝土构件混凝土强度应按《混凝土强度检验评定标准》GB/T 50107 的规定分批进行全数检验评定。构件生产过程中各分项工程（隐蔽工程）应检查记录和验收合格单。构件生产过程中各分项工程（隐蔽）应有照片或影像记录资料，验收合格单必须齐全，记录资料和验收合格单应由相关责任人签字归档，以便日后查证。所有验收合格单必须签字齐全、日期准确方可归档。

预制混凝土构件应在明显部位标识构件型号、生产日期和质量验收标志。

检查数量应为全数检查。当设计有特定需要时，预制混凝土构件应进行结构性能检验。如果严格控制材料和部件的进场质量检验，加强预制构件制作过程中的质量管理，预制构件质量优于现场现浇构件。构件尺寸、混凝土强度、钢筋保护层厚度偏差均在允许误差范围内，可不进行结构性能的承载力、挠度、裂缝检验。构件型号、生产日期和质量验收标志准确。

构件上预留钢筋、连接套管、预埋件和预留孔洞的规格、数量应全数检查，均应符合设计要求，对照构件制作图和变更图进行观察、测量。位置偏差应满足表 3-10 规定。预制混凝土构件的预留钢筋、连接套管、预埋件、预留孔洞规格和数量正确，位置在允许偏差范围内，是保证影响结构构件安全性能、施工安装顺利和正常使用的必要条件，应严格按照构件制作图进行逐项检查验收。

表 3-9　构件质量验收表

工程项目名称：

建设单位：　　　　　　　　　　　　　　　　设计单位：

施工单位：　　　　　　　　　　　　　　　　监理单位：

构件生产企业：　　　　　　　　　　　　　　构件类型：

构件编号：　　　　　　　　　　　　　　　　图纸编号：

生产序号：　　　　　　生产日期：　　　　　检查日期：

分项	检查项目		质量要求	实测	判定
构件混凝土强度					合　否
构件外形尺寸	允许偏差	长度/mm			合　否
		宽度/mm			合　否
		厚度/mm			合　否
		对角线差值/mm			合　否
		表面平整度、扭曲、弯曲			合　否
		构件边长翘曲			合　否
连接套管	允许偏差	中心线位置			合　否
		垂直度			合　否
	注入、排出口堵塞				合　否
钢筋	允许偏差	中心线位置			合　否
		外露长度			合　否
	保护层厚度				合　否
	主筋状态				合　否
预埋件	允许偏差	中心线位置			合　否
		平整度			合　否
		安装垂直度			合　否
预留孔洞	允许偏差	中心线位置			合　否
		尺寸			合　否
外观质量	破损				合　否
	裂缝				合　否
	蜂窝、孔洞等外表缺陷				合　否
外装饰	图案、分割、色彩、尺寸				合　否
	破损情况				合　否
门窗框	允许偏差	定位			合　否
		对角线			合　否
		水平度			合　否
验收意见：					

构件生产企业（公章）：	协作单位（公章）：
责任人（签字）： 　　　　　　年　月　日	责任人（签字）： 　　　　　　年　月　日
设计单位（公章）：	施工单位（公章）：
责任人（签字）： 　　　　　　年　月　日	责任人（签字）： 　　　　　　年　月　日
监理单位（公章）：	建设单位（公章）：
责任人（签字）： 　　　　　　年　月　日	责任人（签字）： 　　　　　　年　月　日

表 3-10　预留钢筋、连接套管、预埋件和预留孔洞允许偏差

项目		允许偏差		检验方法
预留钢筋	中心线位置	±5	必须符合钢筋连接套管允许公差和施工允许误差	钢尺检查
	外露长度	（0，5）		钢尺检查
钢筋连接套管	中心线位置（柱、梁、墙板）	±3		钢尺检查
	中心线位置（楼板）	±5		钢尺检查
	安装垂直度	1/40		拉水平线、竖直线，钢尺测量两端差值
钢筋保护层厚度	柱、梁	（-5，10）		钢尺或保护层厚度测定仪量测
	楼板、外墙板楼梯、阳台板	（-3，5）		
预埋件（插筋、螺栓、吊具等）	中心线位置	±5		钢尺检查
	平整度	3		拉水平线、竖直线测量两端差值
	安装垂直度	1/40		
预留孔洞	中心线位置	±5		钢尺检查
	尺寸	（0，8）		拉水平线、竖直线测量两端差值

预制混凝土构件外观质量不宜有一般缺陷，外观质量应符合表 3-11 的规定，对于已经出现的一般缺陷，应按技术处理方案进行处理，并重新检查验收。预制构件外观涉及工程形象，同时检查方便，要求全数检查。

预制混凝土构件外形尺寸允许偏差应符合表 3-12 的规定。对于检查数量，规范规定同一工作班生产的同类型构件，经全数自检、互检合格后，专检抽检不应少于 30%，且不少于 5件。预制构件尺寸误差参照日本建筑学会《预制混凝土工程》JASS10 和上海市规程制定。梁在端部存在现浇部位，因此对于梁的长度尺寸误差参照 JASS10 放宽至±10 mm。其余参考鹿

岛建设株式会社提供的《预制混凝土建筑施工技术指南》制定。主要采用钢尺、靠尺、调平尺、保护层厚度测定仪检查的检查方法。

表 3-11　构件外观质量

项目	现象	质量要求	检验方法
露筋	钢筋未被混凝土完全包裹	受力主筋不应有，其他构造钢筋和箍筋允许少量	观察
蜂窝	混凝土表面石子外露	受力主筋部位和支撑点位置不应有，其他部位允许少量	观察
孔洞	混凝土中孔穴深度和长度超过保护层	不应有	观察
外形缺陷	缺棱掉角、表面翘曲	清水表面不应有，混水表面不宜有	观察
外表缺陷	表面麻面、起砂、掉皮、污染、门窗框材划伤	清水表面不应有，混水表面不宜有	观察
连接部位缺陷	连接钢筋、连接件松动	不应有	观察
破损	影响外观	影响结构性能的裂缝不应有，不影响结构性能和使用功能的破损不宜有	观察
裂缝	裂缝贯穿保护层到达构件内部	影响结构性能的裂缝不应有，不影响结构性能和使用功能的裂缝不宜有	观察

表 3-12　预制混凝土构件外形尺寸允许偏差

名称	项目	允许偏差/mm		检查依据与方法
构件外形尺寸	长度	柱	±5	用钢尺测量
		梁	±10	
		楼板	±5	
		内墙板	±5	
		外叶墙板	±3	
		楼梯板	±5	
	宽度	±5		用钢尺测量
	厚度	±3		用钢尺测量
	对角线差值	柱	5	用钢尺测量
		梁	5	
		外墙板	5	
		楼梯板	10	
	表面平整度、扭曲、弯曲	5		用2m靠尺和塞尺检查
	构件边长翘曲	柱、梁、墙板	3	调平尺在两端量测
		楼板、楼梯	5	
	主筋保护层厚度	柱、梁	(-5, 10)	钢尺或保护层厚度测定仪量测
		楼板、外墙板楼梯、阳台板	(-3, 5)	

注：当采用计数检验时，除有专门要求外，合格点率应达到80%及以上，且不得有严重缺陷，可以评定为合格。

预制混凝土构件外装饰外观除应符合表 3-13 的规定外，尚应符合现行国家标准《建筑装饰装修工程质量验收规范》（GB 50210）的规定。通过观察和钢尺检查的检查方法对所有外装饰构件进行全数检查。

表 3-13　构件外装饰允许偏差

外装饰种类	项目	允许偏差/mm	检验方法
通用	表面平整度	2	2 m 靠尺或塞尺检查
石材和面砖	阳角方正	2	用托线板检查
	上口平直	2	拉通线用钢尺检查
	接缝平直	3	用钢尺或塞尺检查
	接缝深度	±5	
	接缝宽度	±2	用钢尺检查

注：当采用计数检验时，除有专门要求外，合格点率应达到 80% 及以上，且不得有严重缺陷，可以评定为合格。

门窗框安装除应符合现行国家标准《建筑装饰装修工程质量验收规范》（GB 50210）的规定外，安装位置允许偏差尚应符合表 3-14 的规定。通过观察和钢尺检查的检查方法对所有门窗和窗框安装进行全数检查。

表 3-14　门框和窗框安装位置允许偏差

项目	允许偏差/mm	检验方法
门窗框定位	±1.5	钢尺检查
门窗框对角线	±1.5	钢尺检查
门窗框水平度	±1.5	钢尺检查

注：当采用计数检验时，除有专门要求外，合格点率应达到 80% 及以上，且不得有严重缺陷，可以评定为合格。

3.2　混凝土预制构件安装过程的质量检查

3.2.1　混凝土预制构件的进场检验

预制构件进场检验内容主要有以下几个方面：

（1）参照国家标准《混凝土结构工程施工质量验收规范》（GB 50204—2015）外观质量检查不应有严重缺陷和一般缺陷：预制构件的外观质量不应有严重缺陷，且不应有影响结构性能和安装、使用功能的尺寸偏差，尺寸偏差符合表 3-15 的规定。

（2）预制构件上的预埋件、预留插筋、预埋管线、预留孔、预留洞等应符合设计要求。

（3）粗糙面的质量及键槽的数量应符合设计要求。

（4）预制构件应有标识。

表 3-15　预制构件尺寸的允许偏差及检验方法

项目			允许偏差/mm	检验方法
长度	楼板、梁、柱、桁架	<12 m	±5	尺量
		≥12 m 且<18 m	±10	
		≥18 m	±20	
	墙板		±4	
宽度、高（厚）度	楼板、梁、柱、桁架		±5	尺量一端及中部，取其中偏差绝对值较大处
	墙板		±4	
表面平整度	楼板、梁、柱、墙板内表面		5	2 m 靠尺和塞尺量测
	墙板外表面		3	
侧向弯曲	楼板、梁、柱		$L/750$ 且≤20	拉线、直尺量测最大侧向弯曲处
	墙板、桁架		$L/1\,000$ 且≤20	
翘曲	楼板		$l/750$	调平尺在两端量测
	墙板		$l/1\,000$	
对角线	楼板		10	尺量两个对角线
	墙板		5	
预留孔	中心线位置		5	尺量
	孔尺寸		±5	
预留洞	中心线位置		10	尺量
	洞口尺寸、深度		±10	
预埋件	预埋板中心线位置		5	尺量
	预埋板与混凝土面平面高差		（-5，0）	
	预埋螺栓		2	
	预埋螺栓外露长度		（-5.10）	
	预埋套筒、螺母中心线位置		2	
	预埋套筒、螺母与混凝土面平面高差		±5	
预留插筋	中心线位置		5	尺量
	外露长度		（-5.10）	
键槽	中心线位置		5	尺量
	长度、宽度		±5	
	深度		±10	

预制构件外观质量缺陷与尺寸偏差的规定如下：

（1）外观质量缺陷符合相关规范的要求。

（2）有产品标准的，应按产品标准及表 3-16～表 3-18，规定有差异时应取按较严格规定执行。

（3）设计有专门规定时，尺寸偏差尚应符合设计要求。

表 3-16　现浇结构外观质量缺陷

名称	现象	严重缺陷	一般缺陷
露筋	构件内钢筋未被混凝土包裹而外露	纵向受力钢筋有露筋	其他钢筋有少量露筋
蜂窝	混凝土表面缺少水泥浆而形成石子外露	构件主要受力部位有蜂窝	其他部位有少量蜂窝
孔洞	混凝土中孔穴深度和长度均超过保护层厚度	构件主要受力部位有孔洞	其他部位有少量孔洞
夹渣	混凝土中有杂物且深度超过保护层厚度	构件主要受力部位有夹渣	其他部位有少量夹渣
疏松	混凝土局部不密实	构件主要受力部位有疏松	其他部位有少量疏松
裂缝	裂缝从混凝土表面延伸至混凝土内部	构件主要受力部位有影响结构性能或使用功能的裂缝	其他部位有少量不影响结构性能或使用功能的裂缝
连接部位缺陷	构件连接处混凝土有缺陷及连接钢筋、连接件松动	连接部位有影响结构传力性能的缺陷	连接部位有基本不影响结构传力性能的缺陷
外形缺陷	缺掉棱角、棱角不直、翘曲不平、飞边凸肋等	清水混凝土构件有影响使用功能或装饰效果的外形缺陷	其他混凝土构件有不影响使用功能的外形缺陷
外表缺陷	构件表面麻面、掉皮、起砂、玷污等	具有重要装饰效果的清水混凝土构件有外表缺陷	其他混凝土构件有不影响使用功能的外表缺陷

表 3-17　空心板的外观质量

项号	项目		质量要求	检验方法
1	露筋	主筋	不应有	观察
		副筋	不宜有	
2	孔洞	任何部位	不应有	观察
3	蜂窝	支座预应力筋锚固部位 跨中顶板	不应有	观察
		其余部位	不宜有	观察
4	裂缝	板底裂缝 板面纵向裂缝 肋部裂缝	不应有	观察和用尺、刻度放大镜量测
		支座预应力筋挤压裂缝	不宜有	
		板面横向裂缝 板面不规则裂缝	裂缝宽度不应大于 0.10 mm	
5	板端部缺陷	混凝土疏松、夹渣或外伸主筋松动	不应有	观察、摇动外伸主筋

项号	项目		质量要求	检验方法
6	外表缺陷	板底表面	不应有	观察
		板底、板侧表面	不宜有	
7	外形缺陷		不宜有	观察
8	外表玷污		不应有	观察

注 1：露筋指板内钢筋未被混凝土包裹而外露的缺陷。

注 2：孔洞指混凝土中深度和长度均超过保护层厚度的孔穴。

注 3：蜂窝指板混凝土表面缺少水泥砂浆而形成石子外露的缺陷。

注 4：裂缝指深入混凝土内的缝隙。

注 5：板端部缺陷指板端处混凝土疏松、夹渣或受力筋松动等缺陷。

注 6：外表缺陷指板表面麻面、掉皮、起砂和漏抹等缺陷。

注 7：外形缺陷指板端头不直、倾斜、缺点棱角、棱角不直、翘曲不平、飞边、凸肋和疤瘤等缺陷。

注 8：外表玷污指构件表面有油污或其他杂物。

表 3-18 空心板的尺寸允许偏差

项号	项目		允许偏差/mm	检验方法
1	长度		+10, -5	用尺量测平行于板长度方向的任何部位
2	宽度		±5	用尺量测垂直于板长度方向底面的任何部位
3	高度		±5	用尺量测与长边竖向垂直的任何部位
4	侧向弯曲		$L/750$，且≤20	拉线用尺量测，侧向弯曲最大处
5	表面平整		5	用 2 m 靠尺和塞尺与板面两点间的最大缝隙
6	主筋保护层厚度		+5, -3	用尺或用钢筋保护层厚度测定仪量测
7	预应力筋与空心板内孔净间距		+5, 0	用尺量测
8	对角线差		10	用尺量测板面两个对角线
9	预应力筋在板宽方向的中心位置与规定位置偏差		<10	用尺量测
10	预埋件	中心位置偏移	10	用长量测纵、横两个方向中心线，取其中较大值
		与混凝土面平整	<5	用平尺和钢板尺量测
11	板端预应力筋外伸长度		+10, -5	用尺在板两端量测
12	板端预应力筋内缩值		5	用尺量测
13	翘曲		$L/750$	用调平尺在板两端量测
14	板自重		+7%, -5%	用衡器称量

3.2.2　构件吊装检验

1）实施条件的准备

在吊装前要进行场地实施条件的准备，主要有以下几个方面：

（1）施工道路。

①运输道路必须平整坚实，并有足够的路面宽度和转弯半径。

②道路承受荷载必须满足运输车辆载重要求。

（2）机具设备。

①根据构件重量、塔臂覆盖半径等条件确定塔吊的选型。塔式起重机（选用时应根据构件重量、塔臂覆盖半径等条件确定）、汽车（选用时应根据构件重量、吊臂覆盖半径等条件确定）、电焊机、可调式斜撑杆、可调式垂直撑杆、空压机、振动机、振捣棒、砼泵车、经纬仪、水准仪等。

②确定吊装使用的机械、吊具、辅助吊装钢梁等。

（3）构件堆放。

①构件堆放根据构件的刚度、受力情况及外形尺寸采取平放或立放。

②构件堆放场地应平整，应按其受力状态设置垫块，重叠堆放时，垫块应在一条竖线上；同时，板、柱构件应做好标志，避免倒放、反放。

（4）技术文件。

①装配式结构施工前应编制专项施工方案，施工方案应经监理审核批准后方可实施。

②根据构件标号和吊装计划的吊装序号在构件上标出序号，在图纸上标出序号位置。

（5）人员配置。

①构件吊装人员已经培训并到位。

②塔吊司机、电焊工等特种作业人员均持证上岗。

（6）预拼装。

①现场选择场地，按照实体构件类型、规格、部位组织专业人员进行预拼装。

②在预拼装中发现的问题采取技术措施进行完善。

在起吊前，检查塔吊起重机的行走限位是否齐全、灵敏，止档离端头一般为 2~3 m；吊钩的高度限位器要灵敏可靠；吊臂的变幅限位要灵敏有效；起重机的超载限位装置也要灵敏、可靠；使用力矩限制器的塔吊，力矩限制器要灵敏、准确、灵活、有效，力矩限制器要有技术人员调试验收单；塔吊吊钩的保险装置要齐全、灵活。塔身、塔臂的各标准节的连接螺栓应坚固无松动，塔的结构件应无变形和严重腐蚀现象且各个部位的焊缝及主角钢不得有开焊、裂纹等现象。塔吊司机及指挥人员需经考核、持证上岗。信号指挥人员应有明显的标志，且不得兼任其他的工作。要执行"十不吊"的原则。

2）吊装工艺

（1）工艺原理。

以标准层每层、每跨（户）为单元，根据结构特点和便于构件制作和安装的原则将结构拆分成不同种类的构件（如墙、梁、板、楼梯等）并绘制结构拆分图。梁、板等水平构件采用叠合形式，即构件底部（包含底筋、箍筋、底部混凝土）采用工厂预制，面层和深入支座处（包含面筋）采用现浇。外墙、楼梯等构件除深入支座处现浇外，其他部分全部预制。每施工段构件现场安全部安装完成后统一进行浇筑，这样有效地解决了拼装工程整体性差，抗震等级低的问题。同时也减少现场钢筋、模板、混凝土的材料用量，简化了现场施工。

构件的加工计划、运输计划和每辆车构件的装车顺序紧密地与现场施工计划和吊装计划相结合，确保每个构件严格按实际吊装时间进场，保证了安装的连续性。构件拆分和生产的统一性保证了安装的标准性和规范性，大大提高了工人的工作效率和机械利用率。这些都大大缩短了施工周期和减少了劳动力数量，满足了社会和行业对工期的要求以及解决了劳动力短缺的问题。

外墙采用混凝土外墙，外墙的窗框、涂料或瓷砖均在构件厂与外墙同步完成，很大程度上解决了窗框漏水和墙面深水的质量通病，并大大减少了外墙装修的工作量缩短了工期（只需进行局部修补工作）。

（2）吊装前期工作。

① 测量放线：弹出构架边线及控线，复核标高线。

② 构件进场检查：复核构件尺寸和构件质量。

③ 构件编号：在构件上标明每个构件所属的吊装区域和吊装顺序编号，便于吊装工人辨认。

（3）墙板吊装。

墙板吊装前，要进行系列的施工准备，包括技术准备、材料准备和机具准备。

① 技术准备：

a. 学习设计图纸及深化图纸，并做好图纸会审。

b. 确定预制剪力墙构件吊装顺序。

c. 编制构件进场计划。

d. 确定吊装使用的机械、吊具、辅助吊装钢梁等。

e. 编制施工技术方案并报审。

② 材料准备：

a. 预制剪力墙构件、高强度无收缩灌浆材料、预埋螺栓、钢筋等。

b. 用于注浆管灌浆的灌浆材料，强度等级不宜低于C40，应具有无收缩、早强、高强、大流动性等特点。

③ 机具准备：

塔式起重机（选用时应根据构件重量、塔臂覆盖半径等条件确定）、汽车（选用时应根据构件重量、吊臂覆盖半径等条件确定）、电焊机、可调式斜撑杆、可调式垂直撑杆、空压机、振动机、振捣棒、砼泵车、经纬仪、水准仪等。

④ 吊装检查

a. 检查预留钢筋位置长度是否准确，并进行修整，如图3-3所示；

b. 检查墙板构件预埋注浆管位置、数量是否正确，清理注浆管，确保畅通，如图3-4所示；

c. 检查构件中预埋吊环边缘混凝土是否破损开裂，吊环本身是否开裂断裂，如图3-5所示；吊楼地面清理，将接缝处石子、杂物等清理干净，如图3-6所示。

d. 在墙板安装部位放置垫片，垫片厚度根据水平抄测数据，如图3-7所示。

图 3-3　预留钢筋检查　　　　　　　　　　　　图 3-4　注浆管检查

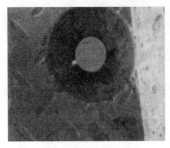

图 3-5　预埋吊点检查　　　　图 3-6　楼层清扫　　　　图 3-7　垫片设置

⑤墙板构件安装就位：按构件吊装顺序，进行构件吊装。

a. 构件距离安装面约 1.5 m 时，应慢速调整，适当可由安装人员辅助轻推构件，调整构件到安装位置，如图 3-8 所示。

b. 楼地面预留插筋与构件预埋注浆管逐根对应，全部准确插入注浆管后构件缓慢下降，如图 3-9 所示。

图 3-8　墙板构件起吊　　　　　　　　图 3-9　与预埋注浆管对应

c. 构件距离楼地面约 30 cm 时由安装人员辅助轻推构件或采用撬棍，逐根根据定位线进行初步定位，如图 3-10 所示。

d. 构件完全落下后，采用顶丝根据定位线对构件进行调整，精确定位，如图 3-11 所示。

图 3-10 墙板构件起吊

图 3-11 人工辅助定位

⑥ 构件斜撑安装。

a. 将地面预埋的拉接螺栓进行清理，清除表面包裹的塑料薄膜及迸溅的水泥浆等，露出连接丝扣。

b. 将构件上套筒清理干净，安装螺杆。注意螺杆不要拧到底，与构件表面空隙 30 mm。

c. 安装斜向支撑：将撑杆上的上下垫板沿缺口方向分别套在构件上及地面上的螺栓上。安装时应先将一个方向的垫板套在螺杆上，然后转动撑杆，将另一个方向的垫板套在螺栓上，如图 3-12 所示。

（a）斜撑上部固定

（b）斜撑底部固定

（c）调整初步垂直

图 3-12 斜撑安装

d. 将构件上的螺栓及地面预埋螺栓的螺母收紧。同时应查看构件中预埋套筒及地面预埋螺栓是否有松动现象，如出现松动，必须进行处理或更换。

e. 转动斜撑，调整构件初步垂直。

f. 松开构件吊钩，进行下一块构件吊装。

⑦ 构件垂直度校正。

a. 用靠尺量测构件的垂直偏差，注意要在构件（台模面）侧面进行量测，如图 3-13 所示。

图 3-13 垂直度测量

b. 逐渐转动斜撑撑杆，调节撑杆长短来校正构件，直至垂直度符合要求。

4）梁、板、楼梯吊装

（1）吊装准备。

① 检查预留钢筋位置长度是否准确，并进行修整。

② 检查梁板构件预埋注浆管、预留孔位置、数量是否正确，并进行清理，确保畅通。

③ 检查构件中预埋吊环（或用于做吊点的钢筋桁架）边缘混凝土是否破损开裂，吊环本身是否开裂断裂。

④ 梁板楼梯搁置边缘及相应搁置位置已根据标高线切割整齐。

（2）安装垂直支撑。

① 根据垂直地面上已标注的垂直支撑点，安装垂直支撑，如图 3-14 所示。

② 首先将初步垂直支撑顶紧上部梁板楼梯等构件，待构件全部安装就位后根据标高线调节撑杆，精确控制构件高度，并根据跨度要求适当控制起拱高度。

（3）预制梁构件吊装。

① 已吊装完成的墙柱构件，根据抄测的水平线进行检查，局部不平整的部位，应进行切割修整，切割深度为 15 mm（不得碰到钢筋）。

② 个别两端无搁置点的梁，如图 3-15 所示，应先设置垂直临时撑杆。

③ 对预制梁中部留有缺口的，应在吊装前进行局部加固，防止断裂。

④ 进行预制梁构件吊装，并根据定位线用撬棍等将梁就位准确。

图 3-14　支撑系统安装

图 3-15　梁构件起吊

（4）预制板构件吊装。

① 已吊装完成的墙柱构件，根据抄测的水平线进行检查，局部不平整的部位，应进行切割修整，切割深度为 15 mm（不得碰到钢筋）。

② 清理墙板上预留的预制楼板搁置凹槽。

③ 采用桁架吊梁使得板面受力均匀，距离墙顶 500 mm 时根据墙顶垂直控制线和板面控制线缓缓下降至支撑上方，待构件稳定后进行摘钩和校正，如图 3-16 和图 3-17 所示。

④ 通过撬棍调整水平定位，通过调整支撑控制板面标高，控制水平定位及标高误差在 +5 mm 以内。

图 3-16 叠合板起吊

图 3-17 叠合板转运

（5）预制楼梯构件吊装。

① 根据楼梯图纸，在休息平台及楼梯梁上放出预制楼梯水平定位线及控制线，在周边墙体上放出标高控制线，如图 3-18 所示。

图 3-18 预制楼梯吊装

② 在楼梯安装部位设置钢垫片调整标高，钢垫片设置高度为安装板面标高以上 20 mm。

③ 楼梯段采用长短吊链进行吊装，吊装前检查吊环及固定螺栓应满足要求。

④ 楼梯下放到距离楼面 0.5 m 处，进行人工辅助就位，根据水平控制线缓慢下放楼梯，对准预留螺杆，安装至设计位置。

3.2.3　混凝土预制构件安装验收

装配式结构安装和连接质量验收内容：

（1）参照国家标准《混凝土结构工程施工质量验收规范》（GB 50204—2015）外观质量检查不应有严重缺陷和一般缺陷。

（2）构件位置、尺寸偏差、连接部位表面平整度符合要求，且不应有影响结构性能和安装、使用功能的尺寸偏差。

（3）其他相关连接质量验收；钢筋焊接，钢筋机械连接。构件焊接，构件螺栓连接，构件现浇混凝土连接。

3.3 装配式混凝土结构实体检验

3.3.1 一般规定

施工单位必须按照工程设计要求、施工技术标准和合同约定，对建筑材料、建筑构配件、设备和商品混凝土进行检验，检验应当有书面记录和专人签字；未经检验或者检验不合格的，不得使用。结构性能检验的目的是检验构件实际生产质量，检验荷载应根据构件实际配筋、混凝土强度计算，具体计算取材料的强度设计值。根据以往的实践经验及能够进行结构性能检验的可能性，《混凝土结构工程施工质量验收规范》（GB 50204—2015）规定，预应力混凝土简支预制构件应定期进行结构性能检验；对生产数量较少的大型预应力混凝土简支受弯构件可不进行结构性能检验或只进行部分检验内容。预制构件结构性能检验尚应符合国家现行相关产品标准及设计的有关要求。

3.3.2 装配式混凝土结构实体检验

1）依据规范

（1）《混凝土结构设计规范》（GB 50010）；

（2）《混凝土结构施工质量验收规范》（GB 50204）；

（3）《建筑结构荷载规范》（GB 50009）；

（4）《混凝土结构试验方法标准》（GB 50152）；

（5）《混凝土结构现场检测技术标准》（GB/T 50784）。

2）预制构件试验的分类（GB 50192—2012）

（1）型式检测：主要针对设计（标准）图的检测、复核。

（2）首件检测：批量生产前；确定试生产的构件合格与否；调整、优化生产相关的材料及工艺。

（3）合格性检测：生产过程中检测批的抽样检测。

（4）预制构件应按标准图或设计要求的试验参数及检测指标进行结构性能检测。

（5）预制构件应在明显部位标明生产单位、构件型号、生产日期和质量验收标志，了解其生产工艺。构件上的预埋件、插筋和预留孔洞的规格、位置和数量应符合标准图或设计的要求。

（6）预制构件应进行结构性能检测。结构性能检测不合格的预制构件不得用于混凝土结构。

3）检测内容

专业企业生产的预制构件进场时，目前规范仅提出了梁板类简支受弯预制构件的结构性能检验要求（如图 3-19 所示），常见的有预制梁、预制板、预制楼梯等。对于其他预制构件，如常用的墙板、预制柱，由于很难通过结构性能检验确定构件受力性能，故规范规定除设计有专门要求外，进场时可不做结构性能检验。其他预制构件对于用于叠合板、叠合梁的梁板类受弯预制构件（叠合底板、底梁），是否进行结构性能检验、结构性能检验的方式也应根据设计要求确定。

图 3-19　预制梁结构性能试验

结构性能检验通常应在构件进场时进行，但考虑检验方便，工程中多在各方参与下在预制构件生产场地进行。对多个工程共同使用的同类型预制构件，也可在多个工程的施工、监理单位见证下共同委托进行结构性能检验，其结果对多个工程共同有效。

国家标准《混凝土结构工程施工质量验收规范》（GB 50204—2015）给出了受弯预制构件的抗裂、变形及承载力性能的检验要求和检验方法钢筋混凝土构件和允许出现裂缝的预应力混凝土构件应进行承载力、挠度和裂缝宽度检验；不允许出现裂缝的预应力混凝土构件应进行承载力、挠度和抗裂检验。

对生产数量较少的大型构件及有可靠应用经验的构件，可仅作挠度、抗裂或裂缝宽度检验：

（1）大型构件一般指跨度大于 18 m 的构件；

（2）可靠应用经验指该单位生产的标准构件在其他工程已多次应用，如预制楼梯、预制空心板、预制双 T 板等。

对使用数量较少（一般指 50 件以内）的构件，当有近期完成的合格报告可作为可靠依据时，可不进行结构性能检验。

同一工艺正常生产的不超过 1 000 件且不超过 3 个月的同类型预制构件为一批，在每批中应随机抽取一个构件进行检验。当连续检验 10 批且每批的结构性能检验结果均符合本规范规定的要求时，对同一工艺正常生产的构件，可改为不超过 2 000 件且不超过 3 个月的同类型（"同类型"是指同一钢种、同一混凝土等级、同一生产工艺和同一结构形式。抽取预制构件时，宜从设计荷载最大、受力最不利或生产数量最多的预制构件中抽取。）产品为一批；在每批中应随机抽取一个构件作为试件进行检验。

对于所有不做结构性能检验的构件，可通过施工单位或监理单位代表驻厂监督制作的方式进行质量控制，此时构件进场的质量证明文件应经监督代表确认。

当无驻厂监督时，预制构件进场时应对预制构件主要受力钢筋数量、规格、间距及混凝土强度、混凝土保护层厚度等进行实体检验。检验方法主要有非破损方法，也可采用破损方法。一般情况下，规定不超过 1 000 个同类型预制构件为一批，每批抽检 2% 且不少于 5 个构件。混凝土现浇连接部位或者混凝土叠合部位的检验项目和检查方法等同现浇混凝土结构，具体可参照国家标准《混凝土结构工程施工质量验收规范》（GB 50204—2015）的规定。

对所有进场时不做结构性能检验的预制构件，进场时的质量证明文件宜增加构件制作过程检查文件，如钢筋隐蔽工程验收记录、预应力筋张拉记录等。

总之，预制构件进场验收的流程如图 3-20 所示。

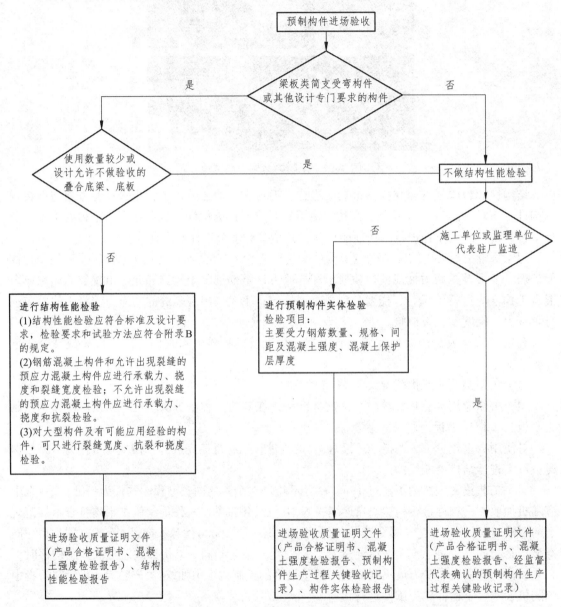

图 3-20　预制构件进场验收流程

4）加强材料和制作质量检测的措施

（1）钢筋进场检测合格后，在使用前再对用作构件受力主筋的同批钢筋按不超过 5 t 抽取一组试件，并经检测合格；对经逐盘检测的预应力钢丝，可不再抽样检查；

（2）受力主筋焊接接头的力学性能，应按现行行业标准《钢筋焊接及验收规程》JGJ 18检测合格后，再抽取一组试件，并经检测合格；

（3）混凝土按 5 m³ 且不超过半个工作班生产的相同配合比的混凝土，留置一组试件，并经检测合格；

（4）受力主筋焊接接头的外观质量、入模后的主筋保护层厚度、张拉预应力总值和构件的截面尺寸等，应逐件检测合格。

5）检测项目及检测指标

（1）承载能力极限状态检测：承载力检测。

（2）正常使用极限状态检测：挠度检测、抗裂检测、裂缝宽度检测。

6）具体检测项目

项目一　承载力检测

（1）当按混凝土结构设计规范的规定进行检测时，应符合下式的要求：

$$\gamma_u^0 \geq \gamma_0 \eta [\gamma_u] \qquad \gamma_u^0 \geq \gamma_0 [\gamma_u]$$

式中　γ_u^0——构件的承载力检验系数实测值；

γ_0——结构的重要性系数；

$[\gamma_u]$——构件的承载力检验系数允许值，见表 3-19 和表 3-20。

表 3-19　构件的承载力检测系数允许值

受力情况	达到承载能力极限状态的检验标志		$[\gamma_u]$
轴心受拉、偏心受拉、受弯、大偏心受压	受拉主筋处的最大裂缝宽度达到 1.5 mm，或挠度达到跨度的 1/50	热轧钢筋	1.20
		钢丝、钢绞线、热处理钢筋	1.35
	受压区混凝土破坏	热轧钢筋	1.30
		钢丝、钢绞线、热处理钢筋	1.45
	受拉主筋拉断		1.50
受弯构件的受剪	腹部斜裂缝达 1.5 mm，或斜裂缝末端受压混凝土剪压破坏		1.40
	沿斜截面混凝土斜压破坏，受拉主筋在端部滑脱或其他锚固破坏		1.55
轴心受压、小偏心受压	混凝土受压破坏		1.50

注：①热轧钢筋系指 HPB300 级、HRB335 级、HRB400 级和 RRB400 级钢筋。
　　②在加载试验过程中，应取首先达到的标志所对应的检验系数允许值进行检验。

表 3-20　构件的承载力检验系数允许值

受力类型	标志类型（i）	承载力标志	加载系数 $\gamma_{u,i}$
受拉受压受弯	1	弯曲挠度达到跨度的 1/50 或悬臂长度的 1/25	1.20（1.35）
	2	受拉主筋处的最大裂缝宽度达到 1.5 mm 或钢筋应变达到 0.01	1.20（1.35）
	3	构件的受拉主筋断裂	1.60
	4	弯曲受压区混凝土受压开裂、破碎	1.30（1.50）
	5	受压构件的混凝土受压破碎、压溃	1.60

受力类型	标志类型（i）	承载力标志	加载系数 $\gamma_{u,i}$
受剪	6	构件腹部斜裂缝宽度达到 1.50 mm	1.40
	7	斜裂缝端部出现混凝土剪压破坏	1.40
	8	沿构件斜截面斜拉裂缝，混凝土撕裂	1.45
	9	沿构件斜截面斜压裂缝，混凝土撕裂	1.45
	10	沿构件叠合面、接槎面出现剪切裂缝	1.45
受扭	11	构件腹部斜裂缝宽度达到 1.50 mm	1.25
受冲切	12	沿冲切锥面顶、底的环状裂缝	1.45
局部受压	13	混凝土压陷、劈裂	1.40
	14	边角混凝土剥裂	1.50
钢筋的锚固、连接	15	受拉主筋锚固失效、主筋端部滑移达到 0.2 mm	1.50
	16	受拉主筋在搭接连接接头处滑移、传力性能失效	1.50
	17	受拉主筋搭接脱离或在焊接、机械连接处断裂，传力中断	1.60

（2）当设计要求按构件实配钢筋的承载力进行检测时，应符合下式的要求：

$$\eta = \frac{R(f_c, f_s, A_s^0, \cdots)}{\gamma_0 S}$$

式中　η——构件的承载力检测修正系数，根据现行国家标准《混凝土结构设计规范》（GB 50010—2010）按实配钢筋的承载力计算确定。

$R(f_c, f_s, A_s^0, \cdots)$——按实配钢筋确定的承载力标志所对应承载力的计算值；

S——承载力标志对对应承载力极限状态下的内力组合设计值。

承载力检测的荷载设计值是指承载能力极限状态下，根据构件设计控制截面上的内力设计值与构件检测的加载方式，经换算后确定的荷载值（包括自重）。

项目二　挠度检测

（1）当按混凝土结构设计规范的规定进行检测时，应符合下式的要求：

$$a_s^0 \leqslant [a_s] \qquad [a_s] = \frac{M_k}{M_q(\theta-1) + M_k}[a_f]$$

式中　a_s^0——在正常使用短期荷载检验值下，构件跨中短期挠度实测值（mm）；

$[a_s]$——短期挠度允许值（mm），见表 3-21；

$[a_f]$——受弯构件的挠度限值，按现行国家标准《混凝土结构设计规范》（GB 50010—2010）确定；

M_k——按荷载标准组合计算的弯矩值，正常使用极限状态计算时，采用标准值或组合值为荷载代表值的组合；

M_q——按荷载准永久组合计算的弯矩值，正常使用极限状态计算时，对可变荷载采用准永久值为荷载代表值的组合；

θ——考虑荷载长期作用对挠度增大的影响系数，按现行国家标准《混凝土结构设计规范》（GB 50010—2010）确定。

表 3-21 受弯构件的挠度限值

构件类型		挠度限值
吊车梁	手动吊车	$l_0/500$
	电动吊车	$l_0/600$
屋盖、楼盖及楼梯构件	当 $l_0<7$ m 时	$l_0/200$（$l_0/250$）
	当 7 m$\leqslant l_0\leqslant 9$ m 时	$l_0/250$（$l_0/300$）
	当 $l_0>9$ m 时	$l_0/300$（$l_0/400$）

注：① 表中 l_0 为构件的计算跨度；计算悬臂构件的挠度限值时，其计算跨度 l_0 按实际悬臂长
度的 2 倍取用；

② 表中括号内的数值适用于使用上对挠度有较高要求的构件；

③ 如果构件制作时预先起拱，且使用上也允许，则在验算挠度时，可将计算所得的挠度
值减去起拱值；对预应力混凝土构件，尚可减去预加力所产生的反拱值；

④ 构件制作时的起拱值和预加力所产生的反拱值，不宜超过构件在相应荷载组合作用下
的计算挠度值。

（2）按构件实配钢筋进行挠度检测或仅检测构件的挠度、抗裂或裂缝宽度时，应符合下
式的要求：

$$a_S^0 \geqslant 1.2 a_S^c \qquad a_S^0 \leqslant [a_S]$$

式中：a_S^0——在荷载标准值下，按实配钢筋确定的构件挠度计算值（mm），按现行国家标准
《混凝土结构设计规范》（GB 50010—2010）确定。

直接承受重复荷载的混凝土受弯构件，当进行短期静力加荷试验时，a_S^0 值应按正常使用
极限状态下静力荷载标准组合相应的刚度值确定

正常使用极限状态检测的荷载标准值是指正常使用极限状态下，根据构件设计控制截面
上的荷载标准组合效应与构件检测的加载方式，经换算后确定的荷载值。

项目三 抗裂性检测

（1）构件的抗裂检测应符合下式的要求：

$$\gamma_{cr}^0 \geqslant [\gamma_{cr}] \qquad [\gamma_{cr}] = 0.95 \frac{\sigma_{pc} + \gamma f_{tk}}{\sigma_{ck}}$$

式中 γ_{cr}^0——构件的抗裂检验系数实测值，即试件的开裂荷载实测值与荷载标准值（均包括
自重）的比值；

$[\gamma_{cr}]$——构件的抗裂检验 系数允许值；

σ_{pc}——由预加力产生的构件抗拉边缘混凝土法向应力值，按现行国家标准《混凝土结
构设计规范》（GB 50010—2010）确定；

γ——混凝土构件截面抵抗矩塑性影响系数，按现行国家标准《混凝土结构设计规范》
（GB 50010—2010）计算确定；

f_{tk}——混凝土抗拉强度标准值（MPa）；

σ_{ck}——由荷载标准直产生的构件抗拉边缘混凝土法向应力值，按现行国家标准《混凝
土结构设计规范》（GB 50010—2010）计算确定（MPa）。

（2）构件的裂缝宽度检测应符合下式的要求：

$$w_{S,max}^0 \leqslant [w_{max}]$$

式中　$w_{S,max}^0$——在正常使用短期荷载检验值下，受拉主筋处最大裂缝宽度实测值（mm）；

　　　$[w_{max}]$——构件检验的最大裂缝宽度允许值（mm），见表3-22。

表3-22　构件检验的最大裂缝宽度限值

设计要求的最大裂缝宽度限值	$[w_{max}]$
0.1	0.07
0.2	0.15
0.3	0.20
0.4	0.25

（3）检测结果的验收。

①当试件结构性能的全部检测结果均符合要求时，该批构件的结构性能应评为合格。

②当第一个构件的检测结果未达到标准，但又能符合第二次检测的要求时，可加试两个备用构件。第二次检测的指标，对抗裂、承载力检测系数的允许值应取规定允许值的0.95倍（允许值-0.05）；对挠度检测系数的允许值应取规定允许值的1.10倍。

③当第一个备用试件的全部检测结果均达到标准要求，则构件的结构性能评为合格。

④当第二次两个试件的全部检测结果均符合第二次检测的要求，则构件的结构性能评为合格。

（4）检测结果的验收注意问题。

①承载力、挠度、抗裂性采用复式抽样检测方案。

②当第一次检测的构件某些检测实测值不满足相应要求的检测指标，当能满足第二次检测指标要求时，可进行第二次抽样检测。（加试两个备有试件）

③抽检的每个试件（备有试件），必须完整地取得三项检测结果，不得因某一项检测项目达到二次抽样检测指标要求就中途停止试验，而不对其余项目进行检测。

（5）检测条件。

①构件应在0℃以上的温度中进行试验。

②蒸汽养护后的构件应在冷却至常温后进行试验。

③构件在试验前应量测其实际尺寸，并仔细检查构件的表面，所有的缺陷和裂缝应在构件上标出。

④试验所用加荷设备及仪表应预先进行标定或校准。

项目四　挠度量测

（1）测量仪器：构件挠度可用百分表、位移传感器、水平仪等进行观测，其量测精度应符合有关标准的规定。接近破坏阶段的挠度，可用水平仪或拉线、钢尺等测量，如图3-21所示。

挠度量测试验时，应量测构件跨中位移和支座沉陷。如图3-22（a）。

对宽度较大的构件，应在每一量测截面的两边或两肋布置测点，并取其量测结果的平均值作为该处的位移。图3-22（b）

  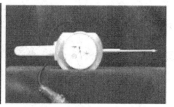

图 3-21　挠度量测仪器

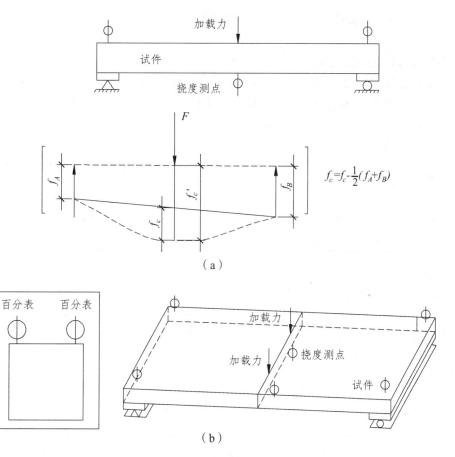

（a）

（b）

图 3-22　挠度量测示意

（2）实测挠度的计算。

当试验荷载竖直向下作用时，对水平放置的试件，在各级荷载下的跨中短期挠度实测值应按下列公式计算：

$$a_t^0 = a_q^0 + a_g^0$$

式中　a_t^0——全部试验荷载作用下构件跨中的挠度实测值（mm）；

a_q^0——外加试验荷载作用下构件跨中的挠度实测值（mm）；

a_g^0——构件自重和加荷设备产生的跨中挠度实测值（mm）；

$$a_q^0 = v_m^0 - (v_1^0 + v_2^0)/2$$

$$a_g^c = \frac{M_g}{M_b} a_b^0$$

式中　v_m^0——外加试验荷载作用下构件跨中的位移实测值（mm）；

v_1^0，v_2^0——外加试验荷载作用下构件左右端支座沉陷位移的实测（mm）；

M_g——构件自重和加荷设备重产生的跨中弯矩值（KN-m）；

M_b——从外加试验荷载开始至构件出现裂缝的前一级荷载为止外加荷载产生的跨中弯矩值（KN-m）；

a_b^0——从外加试验荷载开始至构件出现裂缝的前一级荷载为止外加荷载产生的跨中挠度实测值（mm）

（3）等效荷载的挠度修正。

当采用等效集中力加载模拟均布荷载进行试验时，挠度实测值应乘以修正系数。当采用三分点加载时可取为 0.98；当采用其他形式集中力加载时，可根据表取用；当采用其他形式加载时，应经计算确定，如表3-23所示。

表3-23　简支受弯试件等效加载图式及等效集中荷载 P 和挠度修正系数 ψ

名称	加载图式	挠度修正系数 ψ	单个等效荷载 P
均布荷载		1.00	Q
四分点集中力加载	L/4　　L/2　　L/4	0.91	$qL/2$
三分点集中力加载	L/3　　L/3　　L/3	0.98	$3qL/8$
剪跨 a 集中力加载	a　　　　　a	计算确定	$qL^2/8a$
八分点集中力加载	L/4　L/4　L/4　L/4	0.97	$qL/4$
十六分点集中力加载	L/16	1.00	$qL/8$

项目五　裂缝量测

（1）出现裂缝的检测或判断方法。

①直接观察法：在试件表面涂刷大白，用肉眼或放大倍数不小于 4 倍的放大镜或电子裂缝观测仪观察第一次裂缝出现。

②仪表动态判定法：当以重物加载时，荷载不增加而量测位移变形的仪表读数不停地连续增加（自动挠曲）；当以千斤顶加载时，在某一位移下荷载读数不停地连续减小（自动卸载），则表明试件已经开裂。

③挠度转折法：测定加载过程中试件的荷载-变形关系曲线，判断开裂和开裂荷载。

④应变量测判断法：在试件受拉区边缘连续布置应变计监测应变值的发展。取某一应变计的应变增量有突变时的荷载值作为开裂荷载实测值，且判断裂缝就出现在该应变计的范围内，如图 3-23 所示。

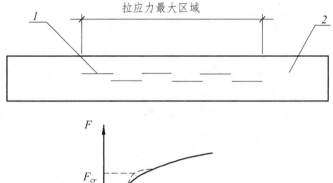

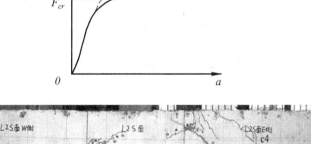

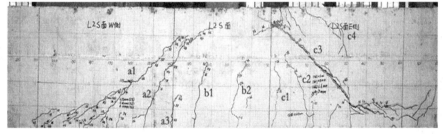

图 3-23　应力分析

（2）裂缝宽度量测的部位。

①梁、柱、墙的弯曲裂缝应在构件侧面受拉主筋处量测最大裂缝宽度；

②梁、柱、墙的剪切裂缝应在构件侧面斜裂缝最宽处量测最大裂缝宽度；

③板类构件可在板面或板底量测最大裂缝宽度；

④其余试件根据试验目的量测预定区域的裂缝宽度。

（3）裂缝宽度量测的仪器。

①刻度放大镜；

②裂缝宽度检测卡；

③电子裂缝观测仪；

④振弦式测缝计；

裂缝测宽仪器的技术要求分别分：

① 刻度放大镜最小分度不宜大于 0.05 mm；

② 电子裂缝观察仪的测量精度不应低于 0.02 mm；

③ 振弦式测缝计的量程不应大于 50 mm，分辨率不应大于量程的 0.05%；

④ 也可采用经标定的裂缝宽度检测卡量测裂缝宽度，最小分度值不大于 0.05 mm。

（4）开裂荷载的确定方法。

构件抗裂检测中，当在规定的荷载持续时间内出现裂缝时，应取本级荷载值与前一级荷载值的平均值作为其开裂荷载实测值；当在规定的荷载持续时间结束后出现裂缝时，应取本级荷载值作为其开裂荷载实测值。

（5）注意事项。

① 试验的加荷设备、支架、支墩等，应有足够的承载力安全储备。

② 对屋架等大型构件时，必须根据设计要求设置侧向支承，以防止构件受力后产生侧向弯曲或倾倒。侧向支承应不妨碍构件在其平面内的位移。

③ 试验过程中应注意人身和仪表安全；为了防止构件破坏时试验设备及构件坍落，应采取安全措施（如在试验构件下面设置防护支承等）。

（6）试验报告。

① 试验报告应包括试验背景、试验方案、试验记录、检测结论等内容，不得漏项缺检；

② 试验报告中的原始数据和观察记录必须真实、准确，不得任意涂抹篡改，记录表如表3-24 所示。

表 3-24　预制构件结构性能的试验记录表

委托单位　　　　　　　　　　　　　　　构件名

称型号　　　　　　　　　　　　　　生产工艺生产日期

编号

保护层厚度/mm	混凝土强度/（kN/mm²）	构件自重/（kN/m²）	准永久荷载/（kN/m²）	设计荷载/（kN/m²）	检验指标			
					挠度[a_S]/mm	裂缝宽度[w_{max}]/mm	抗裂检验系数[γ_{cr}]	承载力检验系数[γ_u]

仪表位置编号：				试验现象（裂缝情况、破坏特征等）：		
量测记录						
仪表编号				挠度/mm	裂缝宽度/mm	实验现象记录
A	B	C	D		侧　　侧	

记录　　　　　　　　　负责　　　　　　　　　校核

试验单位（公章）

试验日期

3.3.3 装配式混凝土构件节点连接质量检验

连接是装配式混凝土结构中的关键环节，装配式结构应重视构件连接节点的选型和设计。楼盖结构和楼梯连接节点做法及节点内钢筋构造要求；包括预制构件连接基本构造要求、叠合板连接构造、叠合梁连接构造以及预制楼梯连接构造等。剪力墙分册重点给出了装配式混凝土剪力墙结构连接节点做法及节点内钢筋构造要求；包括预制构件连接基本构造要求、不同形式墙板水平和竖向后浇连接区域构造要求等。《装配式混凝土结构连接节点构造（楼盖和楼梯）》（15G310-1）、《装配式混凝土结构连接节点构造（剪力墙）》（15G310-2）图集规范了连接节点及构造做法，为装配式混凝土结构建筑的应用提供有力的技术支撑。图集可供设计直接选用或参考使用，施工单位按设计图纸及图集提供的连接构造施工。连接节点的选型和设计应注重概念设计，满足耐久性要求。并通过合理的连接节点与构造，保证构件的连续性和结构的整体稳定性，使整个结构具有必要的承载能力、刚性和延性，以及良好的抗风、抗震和抗偶然荷载的能力，并避免结构体系出现连续倒塌。

应根据设防烈度、建筑高度及抗震等级选择适当的节点连接方式和构造措施。重要且复杂的节点与连接的受力性能应通过试验确定，试验方法应符合相应规定。装配式结构的节点和连接应同时满足使用和施工阶段的承载力、稳定性和变形的要求；在保证结构整体受力性能的前提下，应力求连接构造简单，传力直接，受力明确；所有构件承受的荷载和作用，应有可靠的传向基础的连续的传递路径。承重结构中节点和连接的承载能力和延性不宜低于同类现浇结构，亦不宜低于预制构件本身，应满足强剪弱弯，更强节点设计理念。宜采取可靠的构造措施及施工方法，使装配式结构中预制构件之间或者预制构件与现浇构件之间的节点或接缝的承载力、刚度和延性不低于现浇结构，使装配式结构成为等同现浇装配式结构。当节点连接构造不能使装配式结构成为等同现浇型混凝土结构时，应根据结构体系的受力性能、节点和连接的特点采取合理准确的计算模型，并应考虑连接和节点刚度对结构内力分布和整体刚度的影响。预制构件的连接部位应满足建筑物理性能的功能要求。预制外墙及其连接部位的保温、隔热和防潮性能应符合现行国家标准《民用建筑热工设计规范》（GB 50176）和国家现行相关建筑节能设计标准的规定。必要时，应通过相关的试验。

1）节点钢筋绑扎

（1）预制构件吊装就位后，根据结构设计图纸，绑扎剪力墙垂直连接节点、梁、板连接节点钢筋。

（2）钢筋绑扎前，应先校正预留锚筋、箍筋位置及箍筋弯钩角度。

（3）剪力墙垂直连接节点暗柱、剪力墙受力钢筋采用搭接绑扎，搭接长度满足规范要求。

（4）暗梁（叠合梁）纵向受力钢筋宜采用帮条单面焊接。

节点钢筋绑扎如图 3-24 所示。

叠合板受力钢筋与外墙支座处锚筋搭接绑扎，搭接长度应满足规范要求，同时应确保负弯矩钢筋的有效高度。叠合板钢筋绑扎完成后，应对剪力墙、柱竖向受力钢筋采用钢筋限位框对预留插筋进行限位，以保证竖向受力钢筋位置准确。

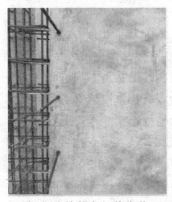 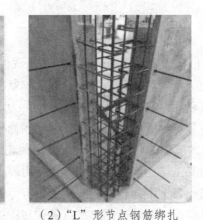 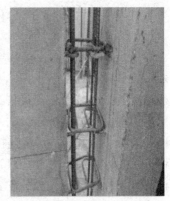

（1）外墙转角钢筋绑扎　　　　（2）"L"形节点钢筋绑扎　　　　（3）墙-墙连接钢筋绑扎

图 3-24　节点钢筋绑扎

2）节点灌浆

装配整体式结构构件连接可采用焊接连接、螺栓连接、套筒灌浆连接和钢筋浆锚搭接连接等方式。预制构件与现浇混凝土接触面位置，可采用拉毛或表面露石处理，也可采用凿毛处理。预制构件插筋影响现浇混凝土结构部分钢筋绑扎时，可采用在预制构件上预留内置式钢套筒的方式进行锚固连接。装配整体式结构的现浇混凝土连接施工应符合下列规定：

（1）构件连接处现浇混凝土的强度等性能指标应满足设计要求。如设计无要求时，现浇混凝土的强度等级不应低于连接处预制构件混凝土强度等级的较大值；

（2）浇筑前应清除浮浆、松散骨料和污物，并应采取湿润的技术措施；

（3）构件表面清理干净后，应在浇筑混凝土前 2 小时前对预制构件进行洒水湿润，保证底部预制砼构件吸水吸透，但在浇筑混凝土前构件表面不能有积水，宜采用喷雾器进行连续喷水；

（4）梁头等节点处混凝土振捣应选用小型振捣棒，一般直径不宜超过 30 mm；

（5）振捣要做到"快插慢拔"，并且要上下微微抽动，以使上下振捣均匀。在振捣时，使砼表面呈水平，不再显著下沉、不再出现气泡表面泛出灰浆为止现浇混凝土连接处应一次连续浇筑密实，如图 3-25 所示；

图 3-25　叠合层混凝土浇筑

（6）采用焊接或螺栓连接时，应按设计要求进行连接，并应对外露铁件采取防腐和防火措施。采用钢筋套筒灌浆连接时，应按设计要求检查套筒中连接钢筋的位置和长度，套筒灌浆施工尚应符合下列规定：

① 灌浆前应制订套筒灌浆操作的专项质量保证措施，灌浆操作全过程应有质量监控；

② 灌浆料应按配比要求计量灌浆材料和水的用量，经搅拌均匀后测定其流动度满足设计要求后方可灌注；

③ 将构件拼缝处（竖向构件上下连接的拼缝及竖向构件与楼地面之间的拼缝）石子、杂物等清理干净。

④ 外侧采用木模板或木方围挡，用钢管加顶托顶紧；

⑤ 洒水应适量，主要用于湿润拼缝混凝土表面，便于灌浆料流畅，洒水后应间隔 15 min 再进行灌浆，防止积水。

⑥ 灌浆作业应采取压浆法从下口灌注，当浆料从上口流出时应及时封堵，持压 30 s 后再封堵下口，如图 3-26 所示；

（1）水平缝封堵　　（2）灌浆料加注　　（3）套筒灌浆　　（4）波纹管灌浆

图 3-26　浆锚节点灌浆

⑦ 灌浆作业应及时做好施工质量检查记录，每工作班制作一组试件；

⑧ 灌浆作业时应保证浆料在 48 h 后凝结硬化过程中连接部位温度不低于 10 度。

注浆管口应在注浆料终凝前进行填实压光至与构件表面平整，且不得凸出或凹陷；注浆料终凝后应进行洒水养护，每天 3～5 次，养护时间不得少于 7 d，冬期施工时不得洒水养护。灌浆完成效果如图 3-27 所示。

（7）检测方法如下：

① 构件搁置长度可用钢尺量测。

② 支座、支垫中心位置可用钢尺量测。

③ 墙板接缝宽度和中心线位置可用钢尺量测。

④ 套筒灌浆量可采用 X 射线工业 CT 法、预埋钢钢丝拉拔法、预埋传感器法、X 射线法等，针对不同施工阶段进行检测，并符合下列规定：

图 3-27　灌浆完成效果

a. 施工前，可结合工艺检验采用 X 射线工业 CT 法进行套筒质量检测；

b. 灌浆施工时，可根据实际需要采用预埋钢丝拉拔法或预埋传感器法进行套筒灌浆饱满度检测；

c. 灌浆施工后，可根据实际需要采用 X 射线法结合局部破损法进行套筒浆数量检测。

⑤ 采用 X 射线工业 CT 法检测套筒灌浆质量时，应符合下列规定：

a. 宜选用高能 X 射线工业 CT；

b. 射线源距胶片的距离宜与射线机焦距相同；

c. 管电压、管电流和曝光时间设置应符合检测要求。

⑥ 采用预埋丝拉拔法检测套筒灌浆饱满度应符合相关规定，检测数量应符合下列要求：

a. 采用预埋丝拉拔法检测灌浆饱满度时，用钢筋套筒灌浆连接的预制构件的种类分类，首层每类构件选择 20%且不少于 2 个构件进行检测，其他层每层每类构件选择 10%且不少于 1 个构件进行检测；

b. 对采用钢筋套筒灌浆连接的外墙板以及梁、柱构件的套筒灌浆饱满度进行检测时，每个灌浆仓应检测其套筒总数的 50%且不少于 3 个套筒，被检测套筒应包含灌浆口处套筒、距离灌浆口套筒最远处的套筒；

c. 对采用钢筋套筒灌浆连接的内墙板的套筒浆满度进行检时，每个灌浆仓应检测其套筒总数的 30%且不少于 2 个套筒，被检测套筒应包含灌浆口处套筒、距离灌浆口套筒最远处的套筒；

d. 当出现设计认为重要的构件以及对施工工艺或施工质量有怀疑的构件，构件的所有套筒均应进行灌浆饱满度检测。

⑦ 采用埋传感器法检测套筒灌浆度时，应符合行业标准《钢筋连接用灌浆套筒》（JGT 398—2012）规定。

⑧ 采用 X 射射线法检测套筒灌浆量时，宜采用便携式 X 射线探伤仪，并符合行业标准《钢筋连接用灌浆套筒》（JGT 398—2012）规定；必要时采用局部破损法对 X 射线法检测结果进行验证。

⑨ 浆锚搭接灌浆质量可采用 X 射线法结合局部破损法检测，检测要求应符合行业标准《钢筋连接用灌浆套筒》（JGT 398—2012）规定；

⑩ 构件采用焊接连接或螺栓连接时，连连接质量检测应符合现行国家标准《钢结构工程施工质量验收规范》（GB 50205）的规定。

3）密封材料嵌缝

（1）密封防水部位的基层应牢固，表面应平整、密实，不得有蜂窝、麻面、起皮和起砂等现象；

（2）嵌缝密封材料的基层应干净和干燥；

（3）嵌缝密封材料与构件组成材料应彼此相容；

（4）采用多组份基层处理剂时，应根据有效时间确定使用量；

（5）密封材料嵌填后不得碰损和污染。

练 习

1. 生产模具的要求有哪些？

2. 构件质量验收的主要内容有哪些？

3. 构件吊装的要求有哪些？

4. 装配式混凝土结构实体检验的主要项目有哪些？

4 装配式钢结构质量检测

4.1 钢结构制作质量检查与验收

4.1.1 钢结构的工厂加工制作与检验

1）制作前准备工作

（1）钢材采购、检验、储备：在工程施工管理人员及公司有关部门参与的情况下进行内部图纸会审，材料清单编制员列出各类钢材的材料用量表，并做好材料规格、型号的归纳，交管理部采购员进行材料采购。材料进厂后，会同业主、质监、设计按设计图纸的国家规范对材料按下列方法进检验：

① 钢材质量证明书。质量证明书应符合设计的要求，并按国家现行有关标准的规定进行抽样检验，不符合国家标准和设计文件的均不得采用。

② 钢材表面有锈蚀、麻点和划痕等缺陷时，其深度不得大于该钢材厚度负偏差值的1/2。

③ 钢材表面锈蚀等应符合现行国家标准《涂装前钢材表面锈蚀等级和除锈等级》（GB 8923）的规定。

④ 钢结构制造质量控制程序如图4-1所示。

具有出厂质量证明书，并符合设计要求和国家现行有关标准规定。合格的钢材分类堆放，做好标识。钢材的堆放成形、成方、成垛，以便于点数和取用；最底层垫上道木，防止进水锈蚀。焊接材料应按牌号和批号分别存放在干燥的储藏仓库。焊条和焊剂在使用之前按出厂证明上规定进行烘焙和烘干；焊丝应无铁锈及其他污物。材料凭领料单发放，发料时核对材料的品种、规格、牌号是否与领料单一致，并要求质检人员在领料现场签证认可。

（2）图纸会审、图纸细化：经图纸会审后，由技术部负责本工程的加工详图，进行节点构造细化。对其中一些需要设计签证的节点图，提交设计院签证。

（3）钢构件加工生产工艺及质量标准：根据国家标准《钢结构工程施工质量验收规范》（GB 50205—2017）、《建筑工程施工质量验收统一标准》（GB 50300—2013）、公司质量管理体系文件及相关钢结构制作工艺规程编制。

2）钢结构加工制作流程

钢结构加工制作工艺，一般大致分为：① 放样→② 切割→③ 组立→④ 埋焊→⑤ 矫正→⑥ 钻孔→⑦ 拼→装⑧ 焊接→⑨ 喷砂→⑩ 油漆等工序，如图4-2所示。

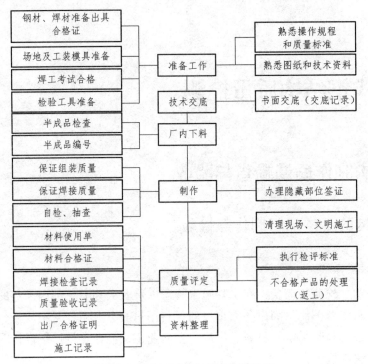

图 4-1　钢结构制造质量控制程序

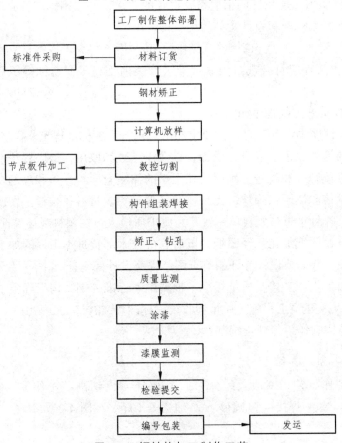

图 4-2　钢结构加工制作工艺

3）各工序质量标准

（1）放样、下料和切割。

① 按照施工图上几何尺寸，以 1：1 比例在样台上放出实样以求出真实形状和尺寸，然后根据实样的形状和尺寸制成样板、样杆，作为下料、弯制、铣、刨、制孔等加工的依据。允许偏差见表 4-1。

表 4-1　放样和样板（样杆）允许偏差表

项目	允许偏差/mm
平行线距离和分段尺寸	±0.5
对角线	1.0
长度、宽度	长度 0～+0.5　宽度 0～-0.5
孔距	±0.5
组孔中心距离	±0.5
加工样板的角度	±2°

② 下料时，如长度不够需拼板，拼缝位置宜放在构件长度 1/3（弯矩最小）～1/2（剪力最小）的范围内，钢板切割毛刺应清理干净。

③ 利用样板计算出下料尺寸，直接在板料成型钢表面上画出零构件形状的加工界线。采用剪切、冲裁、锯切、气割等工作过程进行下料。允许偏差见表 4-2。

表 4-2　下料与样杆（样板）的允许误差表

项目	允许偏差/mm
零件外形尺寸	±5.0
孔	±0.5
基准线（装配或加工）	±0.5
对角线差	1.0
加工样板的角度	±2

④ 根据工艺要求在放样和下料时预留制作和安装时的焊接收缩余量及切割、刨边和铣平等加工余量。

⑤ 零件的割线与下料线的允许偏差符合表 4-3 的规定。

表 4-3　零件的切割线与下料线的允许偏差表

项目	允许偏差/mm
手工切割	±20
自动、半自动切割	±1.5
精密切割	±1.0

⑥ 切割前应将钢材表面切割区域内的铁锈、油污等清除干净；切割后清除断口边缘熔瘤、飞溅物，断口上不得有裂纹和大于 1 mm 的缺棱，并清除毛刺。

⑦ 切割截面与钢材表面不垂直度不大于钢板厚度的 10%，且不得大于 2 mm。

⑧ 精密切割的零件，其表面粗糙度不得大于 0.03 mm。

⑨ 机械切割的零件，其剪切与号料线的允许偏差不得大于 2 mm。机械剪切的型钢，其端

部剪切斜度不得大于 2 mm。如图 4-3、图 4-4 所示。

图 4-3 钢构件的切割

图 4-4 钢构件切割机

（2）组立质量标准。

焊接 H 型钢的翼缘板拼接焊缝与腹板拼接焊缝的间距不应小于 200 mm。翼缘板拼接长度不应小于 2 倍板宽；腹板拼接宽度不应小于 300 mm，长度不应小于 600 mm。（注：标准 H 型钢对接参照此规定执行。焊接 H 型钢组装尺寸允许偏差参照表 4-4 的规定执行。）

表 4-4 焊接 H 型钢的允许偏差

项目		允许偏差/mm	图例
截面高度 h	h<500	±2.0	
	500<h<1 000	±3.0	
	H>1 000	±4.0	
截面宽度 b		±3.0	
腹板中心偏移		2.0	
翼缘板垂直度 Δ		b/100，且不应大于 3.0	
弯曲矢高（受压构件除外）		L/1 000，且不应大于 10.0	
扭曲		h/250，且不应大于 5.0	
腹板局部平面度 f	t<14	3.0	
	t≥14	2.0	

（3）埋焊质量标准。

质量标准严格按照针对相关工程制定的焊接工艺进行施焊，焊缝焊脚按照国家标准《钢结构工程施工质量验收规范》（GB 50205—2017）执行。焊缝表面不得有裂纹、焊瘤等缺陷，一、二级焊缝不得有表面气孔、夹渣、弧坑裂纹、电弧擦伤等缺陷。且一级焊缝不得有咬边、未焊满、根部收缩等缺陷。

T形接头、十字接头、角接接头等要求熔透的对接和角对接组合焊缝，其焊脚尺寸不应小于 $t/4$，如图 4-5（a）（b）（c）；设计有疲劳验算要求的吊车梁或类似构件的腹板与上翼缘连接焊缝的焊脚尺寸为 $t/2$，如图 4-5（d），且不应小于 10 mm。焊脚尺寸的允许偏差为 0~4 mm。

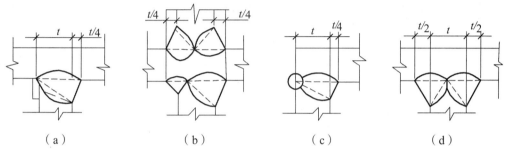

图 4-5　焊脚尺寸

（4）矫正质量标准。

焊接 H 型钢矫正标准执行国家标准《钢结构工程施工质量验收规范》（GB 50205—2017）规定。矫正时不得破坏母材表面，应根据不同材质制定相应工艺。

（5）制孔质量标准。

按照图纸相关节点设计进行制孔，质量控制执行国家标准《钢结构工程施工质量验收规范》（GB 50205—2017）规定。制孔完毕，必须将孔周围毛刺清除。

A、B 级螺栓孔（Ⅰ类孔）应具有 H12 的精度，孔壁表面粗糙度 Ra 不应大于 12.5 μm。其孔径的允许偏差应符合表 4-5 A、B 级螺栓孔径的允许偏差（mm）的规定。

表 4-5　A、B 级螺栓孔径的允许偏差　　　　　　　　　　　　　mm

序 号	螺栓公称直径、螺栓孔直径	螺栓公称直径允许偏差	螺栓孔直径允许偏差
1	10~18	0.00~0.21	+0.18 0.00
2	18~30	0.00~0.21	+0.21 0.00
3	30~50	0.00~0.25	+0.25 0.00

C 级螺栓孔（Ⅱ类孔），孔壁表面粗糙度 Ra 不应大于 25 μm，其允许偏差应符合表 4-6 C 级螺栓孔的允许偏差（mm）的规定。

螺栓孔孔距的允许偏差应符合表 4-7 的规定。

表 4-6　C 级螺栓孔的允许偏差　　　　　　mm

项目	允许偏差
直径	+ 1.0 0.0
圆度	2.0
垂直度	$0.03t$，且不应大于 2.0

表 4-7　螺栓孔孔距允许偏差　　　　　　mm

螺栓孔孔距范围	≤500	501～1 200	1 201～3 000	>3 000
同一组内任意两孔间距离	±1.0	±1.5		
相邻两组的端孔间距离	±1.5	±2.0	±2.5	±3.0

注：①在节点中连接板与一根杆件相连的所有螺栓孔为一组。
　　②对接接头在拼接板一侧的螺栓孔为一组。
　　③在两相邻节点或接头间的螺栓孔为一组，但不包括上述两款所规定的螺孔。
　　④受弯构件翼缘上的连接螺栓孔，每米长度范围内的螺栓孔为一组。

（7）拼装质量标准。

严格按照施工图纸进行构建组装，钢构件外形尺寸主控项目的允许偏差应符合表 4-8 的规定。应根据图纸设计要求进行预拼装，允许偏差按表 4-9 的规定。不得在焊缝以外的母材进行打火。

表 4-8　钢构件外形尺寸主控项目的允许偏差　　　　　　mm

项目	允许偏差
单层柱、梁、桁架受力支托（支承面）表面至第一个安装孔距离	±1.0
多节柱铣平面至第一个安装孔距离	±1.0
实腹梁两端最外侧安装孔距离	±3.0
构件连接处的截面几何尺寸	±3.0
柱、梁连接处的腹板中心线偏移	2.0
受压构件（杆件）弯曲矢高	$l/1 000$，且不应大于 10.0

表 4-9　钢构件预拼装的允许偏差　　　　　　mm

构件类型	项目	允许偏差	检验方法
多节柱	预拼装单元总长	±5.0	用钢尺检查
	预拼装单元弯曲矢高	$l/1 500$，且不应大于 10.0	用拉线和钢尺检查
	接口错边	2.0	用焊缝量规检查
	预拼装单元柱身扭曲	$h/200$，且不应大于 5.0	用拉线、吊线和钢尺检查
	顶紧面至任一牛腿距离	±2.0	
梁、桁架	跨度最外面两端安装孔或两端支承面最外侧距离	+5 −10.0	用钢尺检查
	接口截面错位	2.0	用焊缝量规检查

构件类型	项目		允许偏差	检验方法
梁、桁架	拱度	设计要求起拱	$\pm l/5\,000$	用拉线和钢尺检查
		设计未要求起拱	$l/2\,000$ 0	
	节点处杆件轴线错位		4.0	划线后用钢尺检查
管构件	预拼装单元总长		± 5.0	用钢尺检查
	预拼装单元弯曲矢高		$l/1\,500$，且不应大于 10.0	用拉线和钢尺检查
	对口错边		$t/10$，且不应大于 3.0	用焊缝量规检查
	坡口间隙		$+2.0$ -1.0	
构件平面总体预拼装	各楼层柱距		± 4.0	用钢尺检查
	相邻楼层梁与梁之间距离		± 3.0	
	各层间框架两对角线之差		$H/2\,000$，且不应大于 5.0	
	任意两对角线之差		$\sum H/2\,000$，且不应大于 8.0	

（8）焊接质量标准。

① 焊缝外观质量标准及尺寸允许偏差。

二级、三级焊缝外观质量标准应符合表 4-10 的规定。

表 4-10　二级、三级焊缝外观质量标准　　　　　　　　　　　　　　mm

项目	允许偏差	
缺陷类型	二级	三级
未焊满（指不足设计要求）	$\leqslant 0.2 + 0.02t$，且 $\leqslant 1.0$	$\leqslant 0.2 + 0.04t$，且 $\leqslant 2.0$
	每 100.0 焊缝内缺陷总长 $\leqslant 25.0$	
根部收缩	$\leqslant 0.2 + .02t$，且 $\leqslant 1.0$	$\leqslant 0.2 + 0.04t$，且 $\leqslant 2.0$
	长度不限	
咬边	$\leqslant 0.05t$，且 $\leqslant 0.5$；连续长度 $\leqslant 100.0$，且焊缝两侧咬边总长 $\leqslant 10\%$ 焊缝全长	$\leqslant 0.1t$ 且 $\leqslant 1.0$，长度不限
弧坑裂纹	—	允许存在个别长度 $\leqslant 5.0$ 的弧坑裂纹
电弧擦伤	—	允许存在个别电弧擦伤
接头不良	缺口深度 $0.05t$，且 $\leqslant 0.5$	缺口深度 $0.1t$，且 $\leqslant 1.0$
	每 1 000.0 焊缝不应超过 1 处	
表面夹渣	—	深 $\leqslant 0.2t$　长 $\leqslant 0.5t$，且 $\leqslant 20.0$
表面气孔	—	每 50.0 焊缝长度内允许直径 $\leqslant 0.4t$，且 $\leqslant 3.0$ 的气孔 2 个，孔距 $\geqslant 6$ 倍孔径

注：表内 t 为连接处较薄的板厚。

② 对接焊缝及完全熔透组合焊缝尺寸允许偏差应符合表 4-11 的规定。

表 4-11　对接焊缝及完全熔透组合焊缝尺寸允许偏差　　　　　　　mm

序号	项目	图　例	允许偏差	
			一、二级	三级
1	对接焊缝余高 C	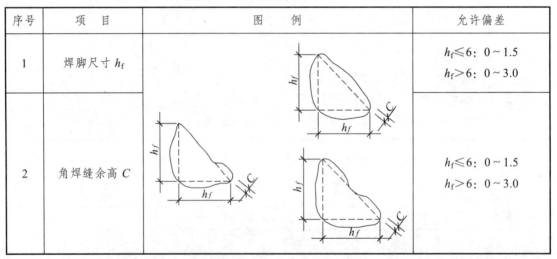	$B<20$：$0\sim3.0$ $B\geqslant20$：$0\sim4.0$	$B<20$：$0\sim4.0$ 且 $\geqslant20$：$0\sim5.0$
2	对接焊缝错边 d		$D<0.15t$，且 $\leqslant2.0$	$D<0.15t$，且 $\leqslant3.0$

③ 部分焊透组合焊缝和角焊缝外形尺寸允许偏差应符合表 4-12 的规定。

表 4-12　部分焊透组合焊缝和角焊缝外形尺寸允许偏差　　　　　　　mm

序号	项　目	图　例	允许偏差
1	焊脚尺寸 h_f		$h_f\leqslant6$：$0\sim1.5$ $h_f>6$：$0\sim3.0$
2	角焊缝余高 C		$h_f\leqslant6$：$0\sim1.5$ $h_f>6$：$0\sim3.0$

注：① $h_f>8.0\,mm$ 的角焊缝其局部焊脚尺寸允许低于设计要求值 $1.0\,mm$，但总长度不得超过焊缝长度 10%。

　　② 焊接 H 形梁腹板与翼缘板的焊缝两端在其两倍翼缘板宽度范围内，焊缝的焊脚尺寸不得低于设计值。

（9）喷砂质量标准。

严格按照图纸设计说明规定的除锈等级要求进行喷砂除锈，构件表面不得有漏喷现象。涂装前钢材表面除锈应符合设计要求和国家现行有关标准的规定。处理后的钢材表面不应有焊渣、焊疤、灰尘、油污、水和毛刺等。

（10）防腐涂料涂装质量标准。

在喷砂除锈达到规定要求的前提下，按照图设计要求进行涂装，节点摩擦面部位不得涂刷油漆。涂层检查与验收规定如下：

① 构件表面不应误涂、漏涂，涂层不应脱皮和返锈等。

② 涂装后涂层表面处理检查，应颜色一致，色泽鲜明，光亮，不起皱皮，不流挂、针眼和气泡等。

③ 表面涂装施工时和施工后，对涂装过的工作进行保护。

④ 涂装漆膜厚度，用触点式漆膜测厚仪进行测定。

4.1.2 钢构件出厂质量检测

1）外观质量的目视检测

（1）一般规定

① 直接目视检测时，眼睛与被测工件表面的距离不得大于 600 mm，视线与被测工件表面所成的视角不得小于 30°。

② 被测工件表面应有足够的照明，一般情况下光照度不得低于 160 lx；对细小缺陷进行鉴别时，光照度不得低于 540 lx。

③ 目视检测应从多个角度进行观察。

（2）辅助工具。

对细小缺陷进行鉴别时，可使用 2 倍~7 倍的放大镜。

（3）检测内容。

① 检测人员在目视检测前，应了解工程施工图纸和有关标准，熟悉工艺规程，提出目视检测的内容和要求。

② 钢材表面的外观质量的检测可分为是否有夹层、裂纹、非金属夹杂等项目。

③ 钢结构焊前目视检测的内容包括焊缝坡口形式、坡口尺寸、组装间隙；焊后目视检测的内容包括焊缝尺寸、焊缝外观质量。

④ 对于焊接外观质量的目视检测，应在焊缝清理完毕后进行，焊缝及焊缝附近区域不得有焊渣及飞溅物。

（4）检测结果的评价。

① 钢材表面的外观质量应符合国家现行有关标准的规定，表面不得有裂纹、折叠，钢材端边或断口处不应有分层、夹渣等缺陷。

② 当钢材的表面有锈蚀、麻点或划伤等缺陷时，其深度不得大于该钢材厚度负偏差值的 1/2。

③ 焊缝坡口形式、坡口尺寸、组装间隙等应符合焊接工艺规程和相关技术标准的要求。

④ 焊缝表面不得有裂纹、焊瘤等缺陷。一级焊缝不允许有外观质量缺陷，二、三级焊缝外观质量应符合《钢结构工程施工质量验收规范》（GB 50205—2017）的要求。

2）构件表面缺陷的检测——磁粉探伤

（1）磁粉探伤的基本原理。

外加磁场对工件（只能是铁磁性材料）进行磁化，被磁化后的工件上若不存在缺陷，则它各部位的磁特性基本一致，而存在裂纹、气孔或非金属物夹渣等缺陷时，由于它们会在工件上造成气隙或不导磁的间隙，使缺陷部位的磁阻大大增加，工件内磁力线的正常传播遭到阻隔，根据磁连续性原理，这时磁化场的磁力线就被迫改变路径而逸出工件，并在工件表面形成漏磁场。

漏磁场的强度主要取决磁化场的强度和缺陷对于磁化场垂直截面的影响程度。利用磁粉就可以将漏磁场给予显示或测量出来，从而分析判断出缺陷的存在与否及其位置和大小。将铁磁性材料的粉末撒在工件上，在有漏磁场的位置磁粉就被吸附，从而形成显示缺陷形状的磁痕，能比较直观地检出缺陷，如图 4-6 所示。这种方法是应用最早、最广的一种无损检测方法。

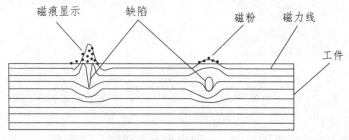

图 4-6　磁粉探伤原理

磁粉一般用工业纯铁或氧化铁制作，通常用四氧化三铁（Fe_3O_4）制成细微颗粒的粉末作为磁粉。磁粉可分为荧光磁粉和非荧光磁粉两大类，荧光磁粉是在普通磁粉的颗粒外表面涂上了一层荧光物质，使它在紫外线的照射下能发出荧光，主要的作用是提高了对比度，便于观察。磁粉探测仪如图 4-7 所示。

A 型探头　　　E 型探头　　　D 型探头　　　O 型探头

图 4-7　磁粉检测仪

（2）磁粉检测方法。

磁粉检测又分干法和湿法两种：

① 干法：将磁粉直接撒在被测工件表面。为便于磁粉颗粒向漏磁场滚动，通常干法检测所用的磁粉颗粒较大，所以检测灵敏度较低。但是在被测工件不允许采用湿法与水或油接触时，如温度较高的试件，则只能采用干湿法。

② 湿法：将磁粉悬浮于载液（水或煤油等）之中形成磁悬液喷撒于被测工件表面，这时磁粉借助液体流动性较好的特点，能够比较容易地向微弱的漏磁场移动，同时由于湿法流动性好就可以采用比干法更加细的磁粉，使磁粉更易于被微小的漏磁场所吸附，因此湿法比干法的检测灵敏度高。

（3）磁粉检测步骤。

① 预处理。

a. 把试件表面的油脂、涂料以及铁锈等除掉，以免妨碍磁粉附着在缺陷上。用于干磁粉时还应使试件表面干燥。组装的部件要一件一件的拆开后进行探伤。预处理应符合下列要求：

b. 应对试件探伤面进行清理，清除检测区域内试件上的附着物（如油漆、油脂、涂料、焊接飞溅、氧化皮等）；在对焊缝进行磁粉检测时，清理区域应由焊缝向两侧母材方向各延伸20 mm。

c. 根据工件表面的状况、试件使用要求，选用油剂载液或水剂载液。

d. 根据现场条件、灵敏度要求，确定用非荧光磁粉或荧光磁粉。

e. 根据被测试件的形状、尺寸选定磁化方法。

② 磁化。

选择适当的磁化方法和磁化电流值。然后接通电源，对试件进行磁化操作。磁化应符合下列要求：

a. 磁化时，磁场方向宜与探测的缺陷方向垂直，与探伤面平行。

b. 当无法确定缺陷方向或有多个方向的缺陷时，应采用旋转磁场或采用两次不同方向的磁化方法。采用两次不同方向的磁化时，两次磁化方向应垂直。

c. 检测时，应先放置灵敏度试片在试件表面，检验磁场强度和方向以及操作方法是否正确。

d. 用磁轭检测时，应有覆盖区，磁轭每次移动的覆盖部分应在 10～20 mm 之间。

e. 用触头法检测时，每次磁化的长度宜为 75～200 mm；检测时，应保持触头端干净，触头与被检表面接触应良好，电极下宜采用衬垫。

f. 探伤装置在被检部位放稳后才能接通电源，移去时应先断开电源。

③ 施加磁粉。

按所选的干法或湿法施加干粉或磁悬液。

磁粉的喷洒时间，按连续法和剩磁法两种施加方式。连续法是在磁化工件的同时喷洒磁粉，磁化一直延续到磁粉施加完成为止。而剩磁法则在磁化工件之后才施加磁粉。

④ 磁痕的观察与判断。

磁痕的观察是在施加磁粉后进行的，用非荧光磁粉探伤时，在光线明亮的地方，用自然的日光或灯光进行观察；而用荧光磁粉探伤时，则在暗室等暗处用紫外线灯进行观察。在磁粉探伤中，肉眼见到的磁粉堆积，简称磁痕，但不是所有磁痕都是缺陷，形成磁痕的原因很多，所以对磁痕必须进行分析判断，把假磁痕排除掉。有时还需要用其他探伤方法（如渗透探伤法）重新探伤进行验证。

为了记录磁粉磁痕，可采用照相或用透明胶带把磁痕粘下备查，这样的记录具有简便、直观得优点。

⑤ 后处理。

探伤完后，根据据需要，应对工件进行退磁、除去磁粉和防锈处理。进行退磁处理的原因是，因为剩磁可能造成工件运行受阻和加大料零件的磨损，尤其是转动部件经磁粉探伤后，更应进行退磁处理。

（4）检测结果的评价。

① 磁粉检测可允许有线型缺陷和圆型缺陷存在；当缺陷磁痕为裂纹缺陷时，应直接评定为不合格。

② 评定为不合格时，应对其可以进行返修。返修后应进行复验。返修复检部位应在检测报告的检测结果中标明。

③ 检测后应填写检测记录。

3）钢材焊缝的检测——超声波探伤仪

（1）一般规定。

本节适用于母材厚度不小于 8 mm、曲率半径不小于 160 mm 的普通碳素钢和低合金钢对接全熔透焊缝 A 型脉冲反射式手工超声波探伤的质量检测。对于母材壁厚为 4～8 mm、曲率半径为 60～160 mm 的钢管对接焊缝与相贯节点焊缝应按照行业标准《钢结构超声波探伤及质量分级法》（JG/T 203—2007）执行。

探伤人员应了解工件的材质、结构、曲率、厚度、焊接方法、焊缝种类、坡口形式、焊缝余高及背面衬垫、沟槽等情况。

根据质量要求，检验等级分为 A、B、C 三级。检验工作的难度系数按 A、B、C 顺序逐渐增高。应根据工件的材质、结构、焊接方法、受力状态选用检验级别，如设计和结构上无特别指定，钢结构焊缝质量的超声波探伤宜选用 B 级检验。

① A 级检验采用一种角度探头在焊缝的单面单侧进行检验，只对允许扫查到的焊缝截面进行探测。一般不要求作横向缺陷的检验。母材厚度大于 50 mm 时，不得采用 A 级检验。

② B 级检验宜采用一种角度探头在焊缝的单面双侧进行检验，对整个焊缝截面进行探测。母材厚度大于 100 mm 时，采用双面双侧检验。当受构件的几何条件限制时，可在焊缝的双面单侧采用两种角度的探头进行探伤。条件允许时要求作横向缺陷的检验。

③ C 级检验至少要采用两种角度探头，在焊缝的单面双侧进行检验。同时要作两个扫查方向和两种探头角度的横向缺陷检验。母材厚度大于 100 mm 时，宜采用双面双侧检验。

钢结构中 T 形接头、角接接头的超声波检测，除用平板焊缝中各种方法外，在选择探

伤面和探头时，应考虑到检测各种缺陷的可能性，并使声束尽可能垂直于该结构焊缝中的主要缺陷。在对 T 型接头、角接接头的超声波检测时，探伤面和探头的选择应符合相关标准的要求。

（2）设备与器材的技术指标。

A 型脉冲反射式超声仪有模拟式和数字式两种。

A 型脉冲反射式超声仪的主要技术指标，应符合表 4-13 的要求。

探伤仪、探头及系统性能的检查按行业标准《无损检测 A 型脉冲反射式超声检测系统工

作性能测试方法》（JB/T 9214—2010）规定的方法测试。检查周期应符合表 4-14 的要求。

表 4-13　A 型脉冲反射式超声仪的主要技术指标

	工作频率	2～5 MHz
超声仪主机	水平线性	≤1%
	垂直线性	≤5%
	衰减器或增益器总调节量	≥80 dB
	衰减器或增益器每档步进量	≤2 dB
	衰减器或增益器任意 12 dB 内误差	≤±1 dB
探头	声束轴线水平偏离角	≤2°
	折射角偏差	≤2°
	前沿偏差	≥1 mm
超声仪主机与探头 的系统性能	在达到所需最大检测声程时，其有效灵敏度余量	≥10 dB
	远场分辨率	直探头：≥30 dB 斜探头：≥6 dB

表 4-14　A 型脉冲反射式超声仪的检查周期

检验项目	检查周期
前沿距离 折射角 P 或 K 值 偏离角	开始使用及每隔 5 个工作日
灵敏度余量 分辨率	开始使用、修理后及每隔 1 个月
探伤仪的水平线性 探伤仪的垂直线性	每次修理后及每隔 3 个月

探头的选择应符合下列要求：

① 纵波直探头的晶片直径在 10～20 mm 范围内，频率为 1.0～5.0 MHz。

② 横波斜探头应选用在钢中的折射角为 45°、60°、70°或 K 值为 1.0、1.5、2.0、2.5、3.0 的横波斜探头。频率为 2.0～5.0 MHz。

③ 纵波双晶探头两晶片之间的声绝缘必须良好，且晶片的面积不应小于 150 mm^2。

④ 斜探头的折射角 P（或 K 值）应依据材料厚度、焊缝坡口型式等因素选择，检测不同板厚所用探头角度宜按表 4-15 采用。

表 4-15　不同板厚推荐的探头角度

板厚 T/mm	推荐的折射角 P（K 值）
8～25	70°（$K2.5$）
25～50	70°或 60°（$K2.5$ 或 $K2.0$）
50～100	45°和 60°并用或 45°和 70°并用
>100	（$K1.0$ 和 $K2.0$ 并用或 $K1.0$ 和 $K2.5$ 并用） 45°或 60°并用（$K1.0$ 和 $K2.0$ 并用）

（3）检测步骤。

检测前，应对超声仪的主要技术指标（如斜探头入射点、斜率 K 值或角度）进行检查确认，根据所测工件的尺寸，调整仪器时间基线，绘制距离-波幅（DAC）曲线。

距离一波幅（DAC）曲线应由选用的仪器、探头系统在对比试块上的实测数据绘制而成。当探伤面曲率半径 R 小于等于 W2/4 时，距离一波幅（DAC）曲线的绘制应在曲面对比试块上进行。

① 绘制成的距离一波幅曲线应由评定线 EL、定量线 SL 和判废线 RL 组成。评定线与定量线之间（包括评定线）的区域规定为Ⅰ区，定量线与判废线之间（包括定量线）的区域规定为Ⅱ区，判废线及其以上区域规定为Ⅲ区，如图 4-8 所示。

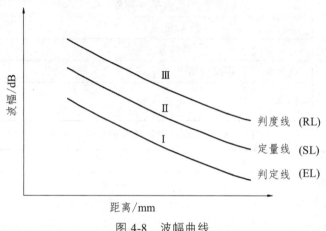

图 4-8　波幅曲线

② 不同验收级别所对应的各条线的灵敏度要求见表 4-16。表中的 DAC 是以 $\phi3$ 横通孔作为标准反射体绘制的距离一波幅曲线——即 DAC 基准线。在满足被检工件最大测试厚度的整个范围内绘制的距离一波幅曲线在探伤仪荧光屏上的高度不得低于满刻度的 20%。

表 4-16　波幅曲线灵敏度

检验等级	A	B	C
板厚/mm	8～50	8～300	8～300
判废线	DAC	DAC-4dB	DAC-2dB
定量线	DAC-10dB	DAC-10dB	DAC-8dB
评定线	DAC-16dB	DAC-16dB	DAC-14dB

超声波检测包括探测面的修整、涂抹耦合剂、探伤作业、缺陷的评定等步骤。

检测前应对探测面进行修整或打磨，清除焊接飞溅、油垢及其他杂质，表面粗糙度不应超过 6.3 mm。

根据工件的不同厚度选择仪器时间基线水平、深度或声程的调节。当探伤面为平面或曲率半径 R 大于 W²/4 时，可在对比试块上进行时间基线的调节；当探伤面曲率半径 R 小于等于 W²/4 时，探头楔块应磨成与工件曲面相吻合的形状。

当受检工件的表面耦合损失及材质衰减与试块不同时，宜考虑表面补偿或材质补偿。

耦合剂应具有良好透声性和适宜流动性，不应对材料和人体有损伤作用，同时应便于检测后清理。当工件处于水平面上检测时，宜选用液体类耦合剂；当工件处于竖立面检测时，宜选用糊状类耦合剂。

探伤灵敏度不应低于评定线灵敏度。扫查速度不应大于 150 mm/s，相邻两次探头移动

间隔应有探头宽度 10%的重叠。为查找缺陷，扫查方式有锯齿形扫查、斜平行扫查和平行扫查等。为确定缺陷的位置、方向、形状、观察缺陷动态波形，可采用前后、左右、转角、环绕等四种探头扫查方式。

对所有反射波幅超过定量线的缺陷，均应确定其位置，最大反射波幅所在区域和缺陷 指示长度。缺陷指示长度的测定可用降低 6 dB 相对灵敏度测长法和端点峰值测长法。

① 当缺陷反射波只有一个高点时，用降低 6 dB 相对灵敏度法测其长度。

② 当缺陷反射波有多个高点时，则以缺陷两端反射波极大值之处的波高降低 6 dB 之间探头 的移动距离，作为缺陷的指示长度（见图4-9）。

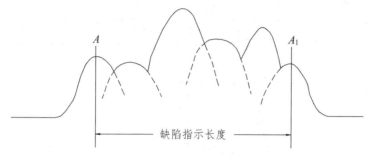

图 4-9　端点峰值测长法

③ 当缺陷反射波在 I 区未达到定量线时，如探伤者认为有必要记录时，将探头左右移动，使缺陷反射波幅降低到评定线，以此测定缺陷的指示长度。

在确定缺陷类型时，可将探头对准缺陷作平动和转动扫查，观察波形的相应变化，并结合操作者的工程经验，作出大致判断。

（4）检验结果的评价。

最大反射波幅位于 DAC 曲线 II 区的非危险性缺陷，其指示长度小于 10 mm 时，可按 5 mm 计。

在检测范围内，相邻两个缺陷间距不大于 8 mm 时，两个缺陷指示长度之和作为单个缺陷的指示长度；相邻两个缺陷间距大于 8 mm 时，两个缺陷分别计算各自指示长度。

最大反射波幅位于 II 区的非危险性缺陷，根据缺陷指示长度进行评级。不同检验等级、不同焊缝质量评定等级的缺陷指示长度限值应符合表4-17的要求。

表 4-17　不同等级缺陷指示长度

检验等级	A	B	C
评定等级	8~50	8~300	8~300
I	$2T/3$，最小 12	$T/3$，最小 10，最大 30	$T/3$，最小 10，最大 20
II	$3T/4$，最小 12	$2T/3$，最小 12，最大 50	$T/2$，最小 10，最大 30
III	T，最小 20	$3T/4$，最小 16，最大 75	$2T/3$，最小 12，最大 50
IV	超过III级者		

注：T 为坡口加工侧母材板厚，母材板厚不同时，以较薄侧板厚为准。

最大反射波幅不超过评定线（未达到Ⅰ区）的缺陷均评为Ⅰ级。

最大反射波幅超过评定线，但低于定量线的非裂纹类缺陷均评为Ⅰ级。

最大反射波幅超过评定线的缺陷，检测人员判定为裂纹等危害性缺陷时，无论其波幅和尺寸如何均评定为Ⅳ级。

除非危险性的点状缺陷外，最大反射波幅位于Ⅲ区的缺陷，无论其指示长度如何，均评定为Ⅳ级。

不合格的缺陷应予以返修，返修部位及热影响区应重新进行评定。

检测后应填写检测记录，所填写内容宜符合钢结构超声波检测记录的规定，如表4-18。

表4-18　钢结构超声波检测记录

工程名称		委托单位		
检测设备		设备型号		
设备编号		检定日期		
材质		厚度		
焊缝种类	对接平缝〇对接环缝〇角接纵缝〇T形焊缝〇管接口缝〇			
焊接方法		探伤面状态		修整〇轧制〇机加〇
探伤时机	焊后〇热处理后〇	耦合剂		机油〇甘油〇糨糊〇
探伤方式	垂直〇斜角〇 单探头〇 双探头〇 串列探头〇			

4）钢材锈蚀的检测——超声波测厚仪

（1）超声波测厚仪检测钢材锈蚀的基本原理。

钢结构在潮湿、存水和酸碱盐腐蚀性环境中容易生锈，锈蚀导致钢材截面削弱，承载力下降。钢材的锈蚀程度可由其截面厚度的变化来反应。检测钢材厚度（必须先除锈）的仪器有超声波测厚仪（声速设定、耦合剂）和游标卡尺。

超声波测厚仪采用脉冲反射波法。超声波从一种均匀介质向另一种介质传播时，在界面会发生反射，测厚仪可测出探头自发出超声波至收到界面反射回波的时间。超声波在各种钢材中的传播速度已知，或通过实测确定，由波速和传播时间测算出钢材的厚度，对于数字超声波测厚仪，厚度值会直接显示在显示屏上，如图4-10。

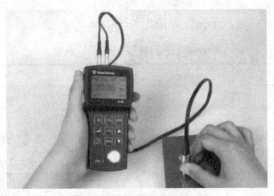

图4-10　数字超声波测厚仪

（2）超声波测厚仪操作规程。

① 准备工作。

超声波测厚仪属于国家强检的计量器具，使用前应检查仪器是否在有效检定期内，确认是否处于正常工作状态。

装入电池，并将探头插入主机探头插座中，按 ON 键开机，检查电源电压是否符合要求。

② 操作步骤。

a. 厚度测试：

第一步，按 CAL 键进入声速状态，用 ▲ 或 ▼ 键调整到被测材料的声速值。

第二步，按 PRB 键进入校准状态，在随机试块上涂上耦合剂，将探头与随机试块耦合，屏幕显示的横线将逐条消失，直到屏幕显示随机试块的实际厚度值即校准完毕。

第三步，将耦合剂涂于被测处，手握仪器使探头与工件之间良好耦合，屏幕上将显示被测材料的厚度。

第四步，如耦合标志闪烁或不出现说明耦合不好，应重新校准后再测试。

b. 声速测试：

第一步，用游标卡尺或千分尺测量相关试件，准确读取其厚度值。

第二步，按 PRB 键进入校准状态，在随机试块上涂上耦合剂，将探头与随机试块耦合，屏幕显示的横线将逐条消失，直到屏幕显示随机试块的实际厚度值即校准完毕。

第三步，将探头与已知厚度试件耦合，直到显示一厚度，用 ▲ 或 ▼ 键将显示值调整到实际测试的厚度值。

第四步，按 CAL 键仪器即可显示出被测材料的声速。

（3）注意事项。

① 在测试过程中应随时观察仪器电源显示情况，不得在低压下使用，电池能量不足应及时更换。同时不得将仪器置于地面或其他硬部件上，严禁在打开后盖状态下使用。

② 测试完毕，应再次对仪器进行校准，以确定测试过程中仪器是否处于正常状态。

③ 严格按照厂家说明书使用和保养仪器。

④ 使用完毕后，将探头从主机探头插座上拔出，同时将电池取出。并用干净的卫生纸或抹布小心将探头、仪器擦拭干净后，装入箱内。

4.2 钢结构安装过程的质量检查

4.2.1 钢构件的进场检验

1）一般规定

（1）本节适用于进入钢结构各分项工程实施现场的主要材料、零（部）件、成品件、标准件等产品的进场验收。

（2）进场验收的检验批原则上应与各分项工程检验批一致，也可以根据工程规模及进料实际情况划分检验批。

2）钢结构材料进场要求

钢结构使用的钢材、焊接材料、涂装材料和紧固件等应具有质量证明书，必须符合设计要求和现行标准的规定。进场的原材料，除必须有生产厂的质量证明书外，并应按照合同要求和现行有关规定在甲方、监理的见证下，进行现场见证取样、送样、检验和验收，做好检查记录，并向甲方和监理提供检验报告。

钢材表面不许有结疤、裂纹、折叠和分层等缺陷；钢材端边或断口处不应有分层、夹渣。钢材表面的锈蚀深度，不超过其厚度负偏差值的 1/2；并应符合国家标准规定的 C 级及以上。严禁使用药皮脱落或焊芯生锈的焊条、受潮结块或已熔烧过的焊剂以及生锈的焊丝。如图 4-11 所示。

图 4-11　钢材要求

3）钢材

（1）钢材、钢铸件的品种、规格、性能等应符合现行国家产品标准和设计要求。进口钢材产品的质量应符合设计和合同规定标准的要求。

（2）对属于下列情况之一的钢材，应进行抽样复验，其复验结果应符合现行国家产品标准和设计要求。

①国外进口钢材；

②钢材混批；

③板厚等于或大于 40 mm，且设计有 Z 向性能要求的厚板；

④建筑结构安全等级为一级，大跨度钢结构中主要受力构件所采用的钢材；

⑤设计有复验要求的钢材；

⑥对质量有疑义的钢材。

（3）钢板厚度及允许偏差应符合其产品标准的要求。

（4）型钢的规格尺寸及允许偏差应符合其产品标准的要求。每一品种、规格的型钢抽查 5 处。

（5）钢材的表面外观质量除应符合国家现有关标准的规定外，尚应符合下列规定：

①当钢材的表面有锈蚀、麻点或划痕等缺陷时，其深度不得大于该钢材厚度负允许偏差值的 1/2；

②钢材表面的锈蚀等级应符合现有国家标准《涂装前钢材表面锈蚀等级和除锈等级》

GB8923 规定的 C 级及 C 级以上；

③ 钢材端边或断口处不应有分层、夹渣等缺陷。

4）焊接材料

（1）焊接材料的品种、规格、性能等应符合现行国家产品标准和设计要求。

（2）重要钢结构采用的焊接材料应进行抽样复验，复验结果应符合现行国家产品标准和设计要求。

（3）焊钉及焊接瓷环的规格、尺寸及偏差应符合现行国家标准《圆柱头焊钉》GB10433中的规定。按量抽查 1%，且不应少于 10 套。

（4）焊条外观不应有药皮脱落、焊芯生锈等缺陷；焊剂不应受潮结块。按量抽查 1%，且不应少于 10 包。如图 4-12 所示。

图 4-12　焊条

5）连接用紧固标准件

（1）钢结构连接用高强度大六角头螺栓连接副、扭剪型高强度螺栓连接副、钢网架用高强度螺栓、普通螺栓、铆钉、自攻钉、拉铆钉、射钉、锚栓（机械型和化学试剂型）、地脚锚栓等紧固标准件及螺母、垫圈等标准配件，其品种、规格、性能等应符合现行国家产品标准和设计要求。

（2）高强度大六角头螺栓连接副和扭剪型高强度螺栓连接副出厂时应分别随箱带有扭矩系数和紧固轴力（预拉力）的检验报告，如图 4-13 所示。

图 4-13　高强度大六角头螺栓

（3）钢结构制作和安装单位应按现行国家标准《紧固件机械性能螺栓、螺钉和螺柱》（GB 3098）的规定分别进行高强度螺栓连接摩擦面的抗滑移系数试验和复验，现场处理的构件摩擦面应单独进行摩擦面抗滑移系数试验，其结果应符合设计要求。

检查数量：见现行国家标准《紧固件机械性能　螺栓、螺钉和螺柱》（GB 3098）附录 B。

检验方法：检查摩擦面抗滑移系数试验报告和复验报告。

（4）扭剪型高强度螺栓紧固预拉力和标准偏差符合表 4-19 规定。

表 4-19　扭剪型高强度螺栓紧固预拉力和标准偏差

螺栓直径/mm	16	20	22	24
紧固预拉力的平均值	99～120	154～186	191～231	222～270
标准偏差	10.1	15.7	19.5	22.7

（5）高强度螺栓连接副，应按包装箱配套供货，包装箱上应标明批号、规格、数量及生产日期。螺栓、螺母、垫圈外观表面应涂油保护，不应出现生锈和沾染赃物，螺纹不应损伤。按包装箱数抽查 5%，且不应少于 3 箱。

（6）对建筑结构安全等级为一级，跨度 40 m 及以上的螺栓球节点钢网架结构，其连接高强度螺栓应进行表面硬度试验，对 8.8 级的高强度螺栓其硬度应为 HRC21～29；10.9 级高强度螺栓其硬度应为 HRC32～36，且不得有裂纹或损伤。按规格抽查 8 只。

6）焊接球

（1）焊接球及制造焊接球所采用的原材料，其品种、规格、性能等应符合现行国家产品标准和设计要求，如图 4-14 所示。

图 4-14　焊接球

（2）焊接球焊缝应进行无损检验，其质量应符合设计要求，当设计无要求时应符合本规范中规定的二级质量标准。每一规格按数量抽查 5%，且不应少于 3 个。

（3）焊接球直径、圆度、壁厚减薄量等尺寸及允许偏差应符合表 4-20 的规定。每一规格按数量抽查 5%，且不应少于 3 个。

表 4-20　焊接球加工的允许偏差

项目	允许偏差/mm
直径	±0.005d　±2.5
圆度	2.5
壁厚减薄量	0.13 t，且不应大于 1.5
两半球对口错边	1.0

（4）焊接球表面应无明显波纹及局部凹凸不平不大于 1.5 m。每一规格按数量抽查 5%，

且不应少于 3 个。

7）螺栓球

（1）螺栓球及制造螺栓球节点所采用的原材料，其品种、规格、性能等应符合现行国家产品标志和设计要求。

（2）螺栓球不得不过烧、裂纹及褶皱。每种规格抽查 5%，且不应少于 5 只。

（3）螺栓球螺纹尺寸应符合现行国家标准《普通螺纹基本尺寸》（GB 196）中粗牙螺纹的规定，螺纹公差必须符合现行国家标准《普通螺纹公差与配合》（GB 197）中 6H 级清度的规定。每种规格抽查 5%，且不应少于 5 只，如图 4-15 所示。

（4）螺栓球直径、圆度、相邻两螺栓孔中心线来夹角等尺寸及允许偏差应符合规范的规定。每种规格抽查 5%，且不应少于 3 只。

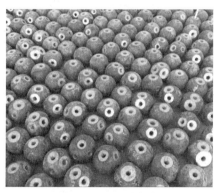

图 4-15　螺栓球

8）封板、锥头和套筒

（1）封板、锥头和套筒及制造封板、锥头和套筒所采用的原材料，其品种、规格、性能等应符合现行国家产品标准和设计要求。

（2）封板、锥头、套筒外观不得有裂纹、过烧及氧化皮。每种规格抽查 5%，且不应少于 10 只。

9）金属压型板

（1）金属压型板及制造金属压型板所采用的原材料，其品种、规格、性能等应符合现行国家产品标准和设计要求。

（2）压型金属泛水板、包角板和零配件的品种、规格以及防水密封材料的性能应符合现行国家产品标准和设计要求。

（3）压型金属板的规格尺寸及允许偏差、表面质量、涂层质量等应符合设计要求和本规范的规定。每种规格抽查 5%，且不应少于 3 件，如图 4-16 所示。

10）涂装材料

（1）钢结构防腐涂料、稀释剂和固化剂等材料的品种、规格、性能等符合现行国家产品标准和设计要求。

（2）防腐涂料和防火涂料的型号、名称、颜色及有效期应与其质量证明文件相符。开启后，不应存在结皮、结块、凝胶等现象。每种规格抽查 5%，且不应少于 3 桶。

图 4-16 金属压型板

11）其他

（1）钢结构用橡胶垫的品种、规格、性能等应符合现行国家产品标准和设计要求。

（2）钢结构工程所涉及的其他特殊材料，其品种、规格、性能等应符合现行国家产品标准和设计要求。

4.2.2 构件吊装检验

1）吊装前对钢构件的检查

钢构件制作的几何尺寸、焊接质量应符合设计要求及规范规定。铲除毛刺、焊渣，并将编号、安装中心线、安装轴线及安装方向用醒目色彩标注，线的两端尚应用样冲打出两个冲眼。

钢柱预检：柱底面至牛腿面的距离，牛腿面到柱顶的距离，柱身的垂直、扭曲及矢高等应符合要求。

柱脚螺栓的孔位、孔距、孔径与基础预埋的地脚螺栓位置、间距、直径应相符；牛腿面与吊车梁、柱与托架、柱与屋架、柱与柱间支撑等连接的孔位、孔径应相符。

钢吊车梁预检：吊车梁端部支承板（或端部加劲肋）与腹板之间，腹板与上下翼缘之间应垂直，支承板与牛腿的接触面应平整吻合，螺孔的距离应正确。

钢屋架预检：屋架端部的连接板应平正，支承面的螺孔距离应正确，屋架侧向挠曲、杆件变形不应超过规定值。

（1）置于柱顶上的屋架，支座板应平整，屋架中心线和螺孔的位置及孔径、孔距等应符合要求。

（2）与柱侧面连接的屋架，端部连接板（或弦杆的角钢）与柱的连接板应吻合，孔径、孔距应一致。

（3）有天窗和檩条的屋架，天窗架和檩条与屋架的连接孔及孔位、孔距应吻合。

托架预检：与柱连接的螺孔位置、孔径、孔距应正确，支承屋架的支承板应平整。

连系构件预检：一般主要检查连系构件的编号、尺寸、连接处的螺孔、孔距等。

钢构件经运输、就位后，应进行复检，如有变形损坏，应立即修复。

2）定位轴线及水准点的复测

对基础施工单位或建设单位提供的定位轴线，应会同建设单位、监理单位、土建单位、基础施工单位及其他有关单位一起对定位轴线进行交接验线，做好记录，对定位轴线进行标记，并做好保护。

根据建设单位提供的水准点（二级以上），用水准仪进行闭合测量，并将水准点测设到附近建筑物不宜损坏的地方，也可测设到建筑物内部，但要保持视线畅通，同时应加以保护。

3）构件标注

吊装前对钢构件做好中心线，标高线的标注，对不对称的构件还应标注安装方向，对大型构件应标注出重心和吊点，标注可采用不同于构件涂装涂料颜色的油漆作标记，做到清楚、准确、醒目。如图 4-17。

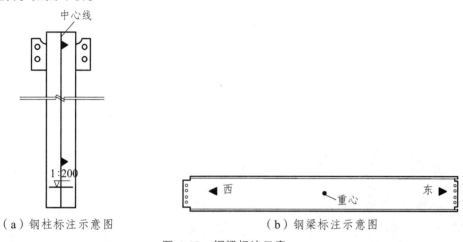

（a）钢柱标注示意图　　　　　　　　（b）钢梁标注示意图

图 4-17　钢梁标注示意

4）起重机械

汽车式起重机的起重机构和回转台安装在载重汽车底盘或专用的汽车底盘上，底盘两侧设有四个支腿，以增加起重机的稳定性，箱形结构做成可伸缩的起重臂，能迅速方便地调节臂架长度，具有机动性能好，运行速度高的特点，但不能负荷行驶，对场地要求较高，主要用于构件的装卸及单层钢结构的吊装。

钢结构吊装中在现场条件允许的情况下一般采用起重机械吊装，但如受到场地条件及起重量等因素的制约，可根据现场实际情况通过计算选择桅杆起重装置、千斤顶、卷扬机、手提葫芦等简易吊装工具进行吊装。

5）吊装时对构件的保护

吊装时如不采用焊接吊耳，在构件本身用钢丝绳绑扎时对构件及钢丝绳进行保护：

（1）在构件四角做包角（用半圆钢管内夹角钢）以防止钢丝绳刻断。

（2）在绑扎点处为防止工字型或 H 形钢柱局部挤压破坏，可加一加强胫板，吊装格构柱，绑扎点处支撑杆，如图 4-18 所示。

6）钢结吊装工艺流程

定位→定标高→柱顶螺栓预埋→定标高→弹线→柱安装→钢梁安装→次构安装→焊接→补漆→竣工

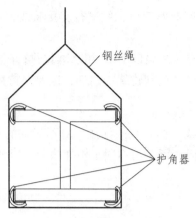

图 4-18 护角器示意

（1）钢柱的吊装，如图 4-19 所示。

图 4-19 钢柱吊装

① 吊点的选择。

吊点位置及吊点的数量，根据钢柱的形状、断面、长度、质量、吊机的起重性能等具体情况确定。

一般钢柱弹性较好，吊点采用一点起吊，吊耳放置在柱顶处，柱身垂直、易于对线校正，对线校正。由于通过柱的重心位置，受到起重臂的长度限制，吊点也可设置在柱的 1/3 处，吊点斜吊，由于钢柱倾斜，但对线校正比较困难。

对于长细钢柱，为防止钢柱变形，可采用二点或三点起吊。

② 起吊方法。

根据起重设备和现场条件确定，可用单机、二机、三机吊装等。

a. 旋转法。

钢柱运输到现场，起重机边起钩边回转边使柱子绕柱脚旋转而将钢柱吊起，如图 4-20。（起吊时应在柱脚下面放置垫木，以防止与地面发生摩擦，同时保证吊点、柱脚基础同在起重机吊杆回旋的圆弧上）

b. 滑行法。

单机或双机抬吊钢柱起重机只起钩，使钢柱柱脚滑行而将钢柱吊起方法，在钢柱与地面之间铺设滑行道，如图 4-21 所示。

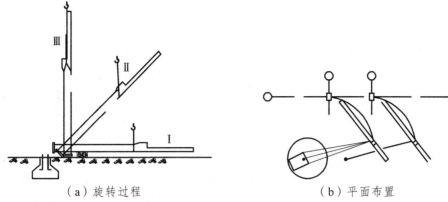

（a）旋转过程　　　　　　　　（b）平面布置

图 4-20　旋转法

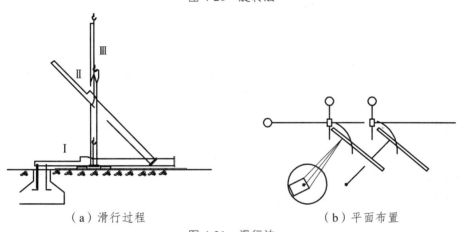

（a）滑行过程　　　　　　　　（b）平面布置

图 4-21　滑行法

c. 递送法。

双机或三机抬吊，为减少钢柱脚与地面的摩阻力，其中一台为副机，吊点选择在钢柱下面，起吊柱时配合主机起钩，随着主机的起吊，副机要行走或回转，在递送过程中，副机承担了一部分荷重，将钢柱脚递送到钢柱基础上面，副机摘钩，卸掉荷载，此刻主机满载，将钢柱就位，如图 4-22 所示。

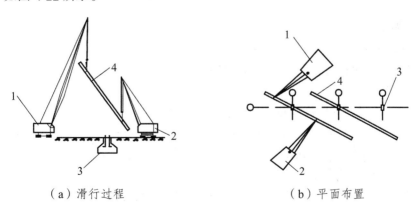

（a）滑行过程　　　　　　　　（b）平面布置

图 4-22　递送法

1—主机；2—副机；3—基础；4—钢柱

（2）钢梁的吊装。

① 吊点的选择。

钢梁在吊装前应前仔细计算钢梁的重心，并在构件上作出明确的标注，吊装时吊点的选择应保证吊钩与构件的中心线在同一铅垂线上。对于跨度大的梁，由于侧向刚度小，腹板宽厚比大的构件，防止构件扭曲和损坏，如果采用双机抬吊，必要时考虑在两机大钩中间拉一跟钢丝绳，在起钩时两机距离固定，防止互相拉动。

② 屋面梁的吊装。

屋面梁的特点是跨度大（即构件长）侧向刚度很小，为了确保质量、安全、提高生产效率，降低劳动强度，根据现场条件和起重设备能力，最大限度地扩大地面拼装工作量，将地面组装好的屋面量吊起就位，并与柱连接。可选用单机两点或三点起吊或用铁扁担以减小索具所产生的对梁的压力。具体如图4-23。

图 4-23　屋面梁吊装

③ 钢吊车梁的吊装。

钢吊车梁吊装可才用专用吊耳或用钢丝绳绑扎吊装，如图4-24。

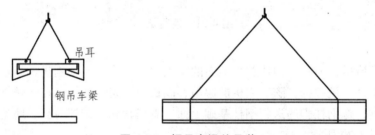

图 4-24　钢吊车梁的吊装

（3）现场焊接工艺。

① 对接溶透焊缝（平焊位手工电弧焊）。

适用梁柱翼缘板腹板对接焊缝，焊条 E4303。

焊接工艺参数：

焊接坡口：$b \leq 12$ mm 单坡口角度 60 度钝边 2 mm

$b > 12$ mm 双坡口角度 60 度钝边 2 mm 组装间隙：2 ~ 3 mm

焊接电流 140 ~ 180 A，焊接电压 24 V，焊接速度 375 px/min

② T 型焊缝（船形位手工电弧焊）。

适用于梁柱筋板、连接板、柱顶板、柱底板，双面贴角焊缝，焊条 E4303。

焊接工艺参数：

焊脚高度：大于被焊件中较薄件的厚度。焊接电流 140 ~ 160 A，焊接电压 22 V，焊接速度 400 px/min 手工电弧焊接时可参照下表参数：

③ 焊缝外观：用肉眼和量具检查焊缝外观缺陷和焊脚尺寸，应符合施工图和施工规范的要求，焊波均匀，不得有裂纹、未熔合、夹渣、焊瘤、咬边、烧穿、弧坑和针状气孔等缺陷，焊接区应清理干净，无飞溅残留物。

④ 全熔透焊缝作为焊接过程中的重点和关键质量控制点，质量检查人员对此部位应进行跟踪检查并做好相应的质量检查检查记录。

7）测量校正

（1）柱基标高调整。

根据钢柱的实际长度、柱底的平整度、钢牛腿顶部及柱顶距柱底部的距离，有吊车的工程重点是保证牛腿顶部标高值，来决定基础标高的调整数值。

具体做法如下：在钢柱安装前，在柱底板下的地脚螺栓上加一个调整螺栓，用水准仪将螺母上表面的标高调整到柱底板标高齐平，安装上钢柱后，根据钢柱牛腿面的标高或柱顶部与设计标高的差值，利用柱底板下的螺母来调整钢柱的标高，柱子地板下面的空隙用无收缩砂浆法二次灌浆填实，如图 4-25：

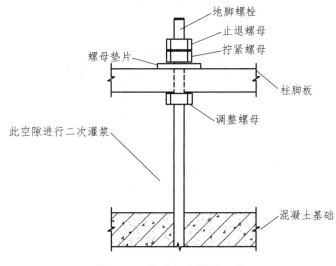

图 4-25　柱底标高调整示意

（2）纵横十字线的对准。

在钢柱安装前，用经纬仪在基础上面将纵横十字线划出，同时在钢柱柱身的四个面标出钢柱的中心线。

在钢柱安装时，起重机不脱钩的情况下，慢慢下落钢柱，使钢柱三个面的中心线与基础上划出的纵横十字线对准，尽量做到线线相交，由于柱底板螺孔与预埋螺栓有一定的偏差，一般设计时考虑柱底板螺孔稍大（1 mm 左右），如果在设计考虑的范围内仍然调整不到位，可对柱底板进行绞刀扩孔，同时上面压盖板用电焊固定。

（3）柱身垂直度的校正。

在钢柱的纵横十字线的延长线上架设两台经纬仪，进行垂直度测量，通过调整钢柱底板下面的调整螺母来校正钢柱的垂直度，校正完毕后，松开缆风绳不受力，再进行复校调整，

调整后将螺母拧紧。(注：调整螺母时，要保证其中一颗螺母不动)

（4）钢吊车梁的校正。

钢吊车梁的校正主要包括标高调整，纵横轴线（直线度、轨距）和垂直度调整。

① 标高调整。

当一跨，即两排吊车梁全部吊装完毕后，用一台水准仪（精度在±3 mm/km）架在梁上或专门搭设的平台上，进行每梁两端高程的引测，将测量的数据加权平均，算出一个标准值（此标准值的标高符合允许偏差），根据这一标准值计算出各点所需要加的垫板厚度，在吊车梁端部设置千斤顶顶空，在梁的两端垫好垫板。

② 纵横十字线的校正。

柱子安装完后，及时将柱间支撑安装好形成排架，首先要用经纬仪在柱子纵向侧端部从柱基控制轴线引到牛腿顶部，定出轴线距离吊车梁中心线的距离，在吊车顶面中心线拉一通长钢丝，逐根吊车梁端部调整到位，可用千斤顶或手拉葫芦进行轴线位移。

③ 吊车梁垂直度校正。

从吊车梁上翼缘挂一个锤球下来，测量线绳至梁腹板上下两处的水平距离，如图 4-26，如 $a = a'$ 说明垂直，如 $a \neq a'$，则可用铁锲进行调整。

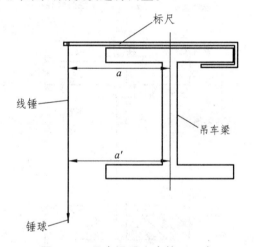

图 4-26 吊车梁垂直度校正示意

8）吊装施工安全要求

凡参加施工的全体人员都必须遵守安全生产"安全生产六大纪律""十个不准"的有关安全生产规程。

吊装作业人员都必须持有上岗证，有熟练的钢结构安装经验，起重人员持有特种人员上岗证，起重司机应熟悉起重机的性能、使用范围，操作步骤，同时应了解钢结构安装程序、安装方法，起重范围之内的信号指挥和挂钩工人应经过严格的挑选和培训，必须熟知本工程的安全操作规程，司机与指挥人员吊装前应相互熟悉指挥信号，包括手势、旗语、哨声等。

起重机械行走的路基及轨道应坚实平整、无积水。

起重机械要有可靠有效的超高限位器和力矩限位器，吊钩必须有保险装置。

应经常检查起重机械的各种部件是否完好，有变形、裂纹、腐蚀情况，焊缝、螺栓等是否固定可靠。吊装前应对起重机械进行试吊，并进行静荷载及动荷载试验，试吊合格后才能进行吊装作业，起重机械不得带病作业，不准超负荷吊装，不准在吊装中维修，遵守起重机械"十不吊"。

在使用过程中应经常检查钢丝绳的各种情况：

（1）磨损及断丝情况，锈蚀与润滑情况，根据钢丝绳程度及报废标准进行检查；

（2）钢丝绳不得扭劲及结扣，绳股不应凸出，各种使用情况安全系数不得小于标准；

（3）钢丝绳在滑轮与卷筒的位置正确，在卷筒上应固定可靠；

吊钩在使用前应检查：

（1）表面有无裂纹及刻痕；

（2）吊钩吊环自然磨损不得超过原断面直径的10%；

（3）钩胫是否有变形；

（4）是否存在各种变形和钢材疲劳裂纹；

检查绳卡、卡环、花篮螺丝、铁扁担等是否有变形、裂纹、磨损等异常情况；检查周围环境及起重范围内有无障碍，起重臂、物体必须与架空电线的距离符合表4-21的规定。

表4-21　起重臂、物体与架空电线的距离

输电线路电压	1 kV 以下	1～20 kV	35～110 kV	154 kV	220 kV
允许与输电线路的最近距离/m	1.5	2	4	5	6

在吊装作业时，吊物不允许在民房街巷和高压电线上空及施工现场办公设施上空旋转，如施工条件所限必须在上述范围吊物旋转，需对吊物经过的范围采取严密而妥善的防护措施。吊起吊物离地面 20～30 cm 时，应指挥停钩检查设备和吊物有无异常情况，有问题应及时解决后在起吊。

吊物起吊悬空后应注意以下几点：

（1）出现不安全异常情况时，指挥人员应指挥危险部位人员撤离，而后指挥吊车下落吊物，排除险情后再起吊。

（2）吊装过程中突然停电或发生机械故障，应指挥吊车将重物慢慢地落在地面或楼面适当的位置，不准长时间悬在空中。

使用手拉葫芦提升重物时，应以一人拉动为止，决不允许两人或多人一起拉动。在使用多台千斤顶时，应尽量选择同种型号的千斤顶，各台千斤顶顶升的速度尽量保持一致。

（1）柱子的垂直度：在柱子的相互垂直的两个截面上预先画上中心线，然后从两个相互垂直度方向架上两台经纬仪进行校正。

（2）柱子中心线对定位轴线：复测时在基础上弹出基础的中心线，并且在柱子上也画出中心线，在安装第一节时使柱子的中心线于基础的中心线相对应重合。

4.2.3　钢结构安装验收

钢结构主要构件安装质量的检查和验收应严格按照《钢结构工程施工质量验收规范》（GB 50205—2017）进行。

（1）凡在施工中用到的原材料都必须严格地按照规范进行全数检查，检查的方法是检查质量证明文件、中文标志及检验报告等。

（2）对钢构件的加工质量应检查项目为几何尺寸，连接板零件的位置，角度、螺栓孔的直径及位置，焊接质量外观，焊缝的坡口，摩擦面的质量，焊缝探伤报告及所有钢结构制作时的预检、自检文件等相关资料。

（3）在钢结构吊装完成后，应对钢柱的轴线位移、垂直度，钢梁、钢桁架、吊车梁的水平度、跨中垂直度，侧向弯曲、轨距等进行仔细的检查验收，并做好详细的检查验收记录。

（4）钢结构主体结构完成后，进行自检合格后，应有项目经理或技术总负责人提出，经监理单位，建设单同意，邀请监理单位、建设单位、设计单位、质监单位及有关部门领导进行主体结构中间验收。

（5）钢结构工程质量验收标准。

① 单层钢结构中柱子允许偏差及检验方法见表 4-22。

表 4-22　单层钢结构中柱子允许偏差及检验方法

项　目		允许偏差/mm	检查方法
柱脚底座中心线对定位轴线的偏移		5.0	用吊线和钢尺检查
柱基准点标高	有吊车梁	+3.0～-5.0	用水准仪检查
	无吊车梁	+5.0～-8.0	
柱子弯曲矢高		$H/1\ 200$，且≤15.0	用经纬仪或拉线和钢尺检查
柱轴线垂直度	单层柱 $H≤10\ m$	$H/1\ 000$	用经纬仪或吊线钢尺检查
	单层柱 $H>10\ m$	$H/1\ 000$，且≤25.0	
	多节柱 单节柱	$H/1\ 000$，且≤10.0	
	多节柱	35.0	

② 钢吊车梁安装允许偏差及检查方法见表 4-23。

表 4-23　钢吊车梁安装允许偏差及检查方法

项　目		允许偏差/mm	检查方法
梁跨中垂直度		$h/500$	用吊线或钢尺检查
侧向弯曲矢高		$L/1\ 500$，且≤10.0	用拉线和钢尺检查
垂直上供矢高		10.0	
两端支座中心位移	安装在钢柱上时对牛腿中心的偏移	5.0	
	安装在混凝土柱子上是对定位轴线的偏移	5.0	
同跨间横截面吊车梁顶面高差	支座处	10.0	用经纬仪、水准仪和钢尺检查
	其他处	15.0	
同跨间同意横截面下挂式吊车梁底面高差		10.0	
同列相邻两柱间吊车梁高差		$L/1\ 500$，且≤10.0	用经纬仪、和钢尺检查

项　目		允许偏差/mm	检查方法
相邻两吊车梁接头部位	中心错位	3.0	用钢尺检查
	上承式顶面高	1.0	
	下承式底面高差	1.0	
同跨间任一截面的吊车梁中心跨距		±10.0	用经纬仪和光电测距仪检查，距离小时可用钢尺检查
轨道中心对吊车梁腹板轴线的偏移		t/2	用吊线和钢尺检查

（6）钢结构工程质量验收记录表格见表 4-24、表 4-25、表 4-26。

表 4-24　柱轴线垂直度

检测项目	检测部位	图纸及规范要求单位/mm	实测/mm	检测结果
柱轴线垂直度		$H/1\,000$ 且不大于 25.0		
		$H/1\,000$ 且不大于 25.0		
		$H/1\,000$ 且不大于 25.0		
检测工具				
检测规范	《钢结构现场检测技术标准》GB/T 50621—2010			
抽样信息	抽样基数： 抽样数量：		检测类别	

表 4-25　梁跨中垂直度

检测项目	检测部位	图纸及规范要求单位/mm	实测/mm	检测结果
梁跨中垂直度		$h/250$ 且不应大于 15.0		
		$h/250$ 且不应大于 15.0		
		$h/250$ 且不应大于 15.0		
检测工具				
检测规范	《钢结构现场检测技术标准》GB/T 50621—2010			
抽样信息	抽样基数： 抽样数量：		检测类别	

表 4-26　梁侧向弯曲矢高

检测项目	检测部位	图纸及规范要求单位/mm	实测/mm	检测结果
梁侧向弯曲矢高		$l/1\,000$ 且不大于 10.0		
		$l/1\,000$ 且不大于 10.0		
		$l/1\,000$ 且不大于 10.0		
检测工具				
检测规范	《钢结构现场检测技术标准》GB/T 50621—2010			
抽样信息	抽样基数： 抽样数量：		检测类别	

4.3 钢结构实体检测

4.3.1 钢构件连接节点的检测

1）焊缝检测

（1）主控项目。

① 焊条、焊丝、焊剂、电渣焊熔嘴等焊接材料与母材的匹配应符合设计要求及国家现行行业标准《建筑钢结构焊接技术规程》（JGJ 81）的规定。焊条、焊剂、药芯焊丝、熔嘴等在使用前，应按其产品说明书及焊接工艺文件的规定进行烘焙和存放。

检查数量：全数检查。

检验方法：检查质量证明书和烘焙记录。

② 焊工必须经考试合格并取得合格证书。持证焊工必须在其考试合格项目及其认可范围内施焊。

检查数量：全数检查。

检验方法：检查焊工合格证及其认可范围、有效期。

③ 施工单位对其首次采用的钢材、焊接材料、焊接方法、焊后热处理等，应进行焊接工艺评定，并应根据评定报告确定焊接工艺。

检查数量：全数检查。

检验方法：检查焊接工艺评定报告。

④ 设计要求全焊透的一、二级焊缝应采用超声波探伤进行内部缺陷的检查见表 4-27，超声波探伤不能对缺陷作出判断时，应采用射线探伤。

表 4-27 一、二级焊缝质量等级及缺陷分级

焊缝质量等级		一级	二级
内部缺陷超声波探伤	评定等级	Ⅱ	Ⅲ
	检验等级	B 级	B 级
	探伤比例	100%	20%
内部缺陷射线探伤	评定等级	Ⅱ	Ⅲ
	检验等级	AB 级	AB 级
	探伤比例	100%	20%

注：探伤比例的计算方法应按以下原则确定：① 对工厂制作焊缝，应按每条焊缝计算百分比，且探伤长度应不小于 200 mm，当焊缝长度不足 200 mm 时，应对整条焊缝进行探伤；② 对现场安装焊缝，应按同一类型、同一施焊条件的焊缝条数计算百分比，探伤长度应不小于 200 mm，并应不少于 1 条焊缝。

⑤ T 形接头、十字接头、角接接头等要求熔透的对接和角对接组合焊缝，其焊脚尺寸不应小于 $t/4$，见图 4-27（a）（b）（c）；设计有疲劳验算要求的吊车梁或类似构件的腹板与上翼缘连接焊缝的焊脚尺寸为 $t/2$，见图 4-27（d），且不应大于 10 mm。焊脚尺寸的允偏差为 0～4 mm。

检查数量：资料全数检查；同类焊缝抽查 10%，且不应少于 3 条。

检验方法：观察检查，用焊缝量规抽查测量。

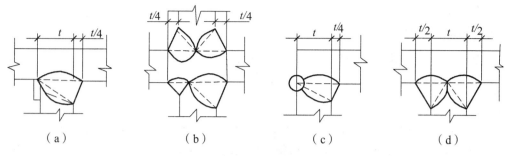

（a）　　　　　　（b）　　　　　　（c）　　　　　　（d）

图 4-27　焊脚尺寸

⑥ 焊缝表面不得有裂纹、焊瘤等缺陷。一级、二级焊缝不得有表面气孔、夹渣、弧坑裂纹、电弧擦伤等缺陷。且一级焊缝不得有咬边、未焊满、根部收缩等缺陷。

检查数量：每批同类构件抽查 10%，且不应少于 3 件；被抽查构件中，每一类型焊缝按条数抽查 5%，且不应少于 1 条；每条检查 1 处，总抽查数不应少于 10 处。

检验方法：观察检查或使用放大镜、焊缝量规和钢尺检查，当存在疑义时，采用渗透或磁粉探伤检查。

（2）一般项目。

① 对于需要进行焊前预热或焊后热处理的焊缝，其预热温度或后热温度应符合国家现行有关标准的规定或通过工艺试验确定。预热区在焊道两侧，每侧宽度均应大于焊件厚度的 1.5 倍以上，且不应小于 100 mm；后热处理应在焊后立即进行，保时间应根据板厚按每 25 mm 板厚 1 h 确定。

检查数量：全数检查。

检验方法：检查预、后热施工记录和工艺试验报告。

② 二级、三级焊缝外观质量标准应符合规定。三级对接焊缝应按二级焊缝标准进行外观质量检验。

检查数量：每批同类构件抽查 10%，且不应少于 3 件；被抽查构件中，每一类型焊缝按条数抽查 5%，且不应少于 1 条；每条检查 1 处，总抽查数不应少于 10 处。

检验方法：观察检查或使用放大镜、焊缝量规和钢尺检查。

③ 焊缝尺寸允许偏差应符合国家标准《钢结构工程施工质量验收规范》（GB 50205—2001）的附录 A 中表 A.0.2 的规定。

检查数量：每批同类构件抽查 10%，且不应少于 3 件；被抽查构件中，每种焊缝按条数各抽查 5%，但不应少于 1 条；每条检查 1 处，总抽查数不应少于 10 处。

检验方法：用焊缝量规检查。

④ 焊成凹形的角焊缝，焊缝金属与母材间应平缓过渡；加工成凹形的角焊缝，不得在其表面留下切痕。

检查数量：每批同类构件抽查 10%，且不应少于 3 件。

检验方法：观察检查。

⑤ 焊缝感观应达到：外形均匀、成型较好，焊道与焊道、焊道与基本金属间过渡较平滑，

焊渣和飞溅物基本清除干净。

检查数量：每批同类构件抽查 10%，且不应少于 3 件；被抽查构件中，每种焊缝按数量各抽查 5%，总抽查处不应少于 5 处。

检验方法：观察检查。

2）高强度螺栓连接节点检测

（1）主控项目——高强度螺栓终拧扭矩检测。

① 一般规定。

a. 本节适合于钢结构高强度螺栓连接副终拧扭矩（以下简称高强度螺栓终拧扭矩）的检测。对高强度螺栓终拧扭矩的施工质量检测，应在终拧 1 h 之后、48 h 之内完成。检测人员在检测前，应了解工程使用的高强度螺栓的型号、规格、扭矩施加方式。

检查数量：按节点数抽查 10%，且不应少于 10 个；每个被抽查节点按螺栓数抽查 10%，且不应少于 2 个。

b. 扭剪型高强度螺栓连接副终拧后，除因构造原因无法使用专用扳手终拧掉梅花头者外，未在终拧中拧掉梅花头的螺栓数不应大于该节点螺栓数的 5%。对所有梅花头未拧掉的扭型高强度螺栓连接副应采用扭矩法或转角法进行终拧并作标记，进行终拧扭矩检查。

检查数量：按节点数抽查 10%，但不应少于 10 个节点，被抽查节点中梅花头未拧掉的扭剪型高强度螺栓连接副全数进行终拧扭矩检查。

② 检测设备。

扭矩扳手示值相对误差的绝对值不得大于测试扭矩值的 3%。扭矩扳手宜具有峰值保持功能。

应根据高强度螺栓的型号、规格，选择扭矩扳手的最大量程。工作值宜控制在被选用扳手的量限值 20%～80%之间。

③ 检测技术。

在对高强度螺栓的终拧扭矩进行检测前，应清除螺栓及周边涂层。螺栓表面有锈蚀时，尚应进行除锈处理。

在对高强度螺栓终拧扭矩检测时，应经外观检查或敲击检查合格后进行。

检测时，施加的作用力应位于手柄尾端，用力要均匀、缓慢。扳手手柄上宜施加拉力。除有专用配套的加长柄或套管外，严禁在尾部加长柄或套管后，测定高强螺栓终拧扭矩。

高强螺栓终拧扭矩检测采用松扣-回扣法。先在扭矩扳手套筒和连接板上作一直线标记，然后反向将螺母拧松 60°，再用扭矩扳手将螺母拧回原来位置（即扭矩扳手套筒和连接板的标记又成一直线），读取此时的扭矩值。

扭矩扳手经使用后，应擦拭干净放入盒内。定力扳手使用后要注意将示值调节到最小值处，如扭矩扳手长时间未用，在使用前应先预加载 3 次，使内部工作机构被润滑油均匀润滑。

④ 检测结果的评价。

高强度螺栓终拧扭矩检测结果宜 $0.9T_c$～$1.1T_c$ 范围内。

敲击检查发现有松动的高强度螺栓，应直接将其判为不合格。

对于高强度螺栓终拧扭矩过低者或不合格者，应进行补拧，使其达到相应的要求。

（2）高强度螺栓一般项目检测。

① 高强度螺栓连接副终拧后，螺栓丝扣外露应为 2～3 扣，其中允许有 10% 的螺栓丝扣外露 1 扣或 4 扣。

检查数量：按节点数抽查 5%，且不应少于 10 个。

检验方法：观察检查。

② 高强度螺栓连接摩擦面应保持干燥、整洁，不应有飞边、毛刺、焊接飞溅物、焊疤、氧化铁皮、污垢等，除设计要求外摩擦面不应涂漆。

检查数量：全数检查。

检验方法：观察检查。

③ 高强度螺栓应自由穿入螺栓孔。高强度螺栓孔不应采用气割扩孔，扩孔数量应征得设计同意，扩孔后的孔径不应超过 $1.2d$（d 为螺栓直径）。

检查数量：被扩螺栓孔全数检查。

检验方法：观察检查及用卡尺检查。

3）焊钉（栓钉）焊接检测

（1）主控项目。

① 施工单位对其采用的焊钉和钢材焊接应进行焊接工艺评定，其结果应符合设计要求和国家现行有关标准的规定。瓷环应按其产品说明书进行烘焙。

检查数量：全数检查。

检验方法：检查焊接工艺评定报告和烘焙记录。

② 焊钉焊接后应进行弯曲试验检查，其焊缝和热影响区不应有肉眼可见的裂纹。

检查数量：每批同类构件抽查 10%，且不应少于 10 件；被抽查构件中，每件检查焊钉数量的 1%，但不应少于 1 个。

检验方法：焊钉弯曲 30° 后用角尺检查和观察检查。

（2）一般项目。

焊钉根部焊脚应均匀，焊脚立面的局部未熔合或不足 360° 的焊脚应进行修补。

检查数量：按总焊钉数量抽查 1%，且不应少于 10 个。

检验方法：观察检查。

4）普通紧固件连接检测

（1）主控项目

① 普通螺栓作为永久性连接螺栓时，当设计有要求或对其质量有疑义时，应进行螺栓实物最小拉力载荷复验，试验方法见现行国家标准《紧固件机械性能螺栓、螺钉和螺柱》（GB 3098），其结果应符合现行国家标准《紧固件机械性能螺栓、螺钉和螺柱》GB3098 的规定。

检查数量：每一规格螺栓抽查 8 个。

检验方法：检查螺栓实物复验报告。

② 连接薄钢板采用的自攻钉、拉铆钉、射钉等其规格尺寸应与被连接钢板相匹配，其间距、边距等应符合设计要求。

检查数量：按连接节点数抽查 1%，且不应少于 3 个。

检验方法：观察和尺量检查。

（2）一般项目。

① 永久性普通螺栓紧固应牢固、可靠，外露丝扣不应少于 2 扣。

检查数量：按连接节点数抽查 10%，且不应少于 3 个。

检验方法：观察和用小锤敲击检查。

② 自攻螺钉、钢拉铆钉、射钉等与连接钢板应紧固密贴，外观排列整齐。

检查数量：按连接节点数抽查 10%，且不应少于 3 个。

检验方法：观察或用小锤敲击检查。

4.3.2　涂层的检测

1）防腐涂层厚度检测

（1）一般规定。

本节适用于钢结构防腐涂层（油漆类）厚度的检测。对钢结构表面其他覆层（如珐琅、橡胶、塑料等）的厚度可参照本节的基本原则进行检测。

防腐涂层厚度的检测应在涂层干燥后进行。检测时构件表面不应有结露。

每个构件检测 5 处，每处以 3 个相距不小于 50 mm 测点的平均值作为该处涂层厚度的代表值。以构件上所有测点的平均值作为该构件涂层厚度的代表值。测点部位的涂层应与钢材附着良好。

使用涂层测厚仪检测时，宜避免电磁干扰（如焊接等）。

防腐涂层厚度检测，应经外观检查无明显缺陷后进行。防火涂料不应有误涂、漏涂，涂层表面不应存在脱皮和返锈等缺陷，涂层应均匀、无明显皱皮、流坠、针眼和气泡等。

（2）检测设备。

涂层测厚仪的最大测量值不应小于 1 200 mm，最小分辨率不应大于 2 mm，示值相对误差不应大于 3%。

测试构件的曲率半径应符合仪器的使用要求。在弯曲试件的表面上测量，应考虑其对测试准确度的影响。

（3）检测步骤。

① 确定的检测位置应有代表性，在检测区域内分布宜均匀。检测前应清除测试点表面的防火涂层、灰尘、油污等。

② 检测前对仪器进行校准，根据具体情况可采用一点校准（校零值）、二点校准或基本校准，经校准后方可开始测试。

③ 应使用与试件基体金属具有相同性质的标准片对仪器进行校准；亦可用待涂覆试件进行校准。检测期间关机再开机后，应对设备重新校准。

④ 测试时，将探头与测点表面垂直接触，探头距试件边缘不宜小于 10 mm，并保持 1～2 s，读取仪器显示的测量值，对测试值进行打印或记录并依次进行测量。测点距试件边缘或内转角处的距离不宜小于 20 mm。

（4）检测结果的评价。

每处涂层厚度的代表值不应小于设计厚度的 85%，构件涂层厚度的代表值不应小于设计厚度。

当设计对涂层厚度无要求时，涂层干漆膜总厚度：室外应为 150 mm，室内应为 125 mm，其允许偏差为-25 mm。

2）防火涂层厚度检测

（1）一般规定。

本节适用于钢结构厚型防火涂层厚度检测。对于超薄型防火涂层厚度，可参照上一节防腐涂层的方法进行检测。

防火涂层厚度的检测应在涂层干燥后方可进行。

楼板和墙体的防火涂层厚度检测，可选两相邻纵、横轴线相交的面积为一个构件，在其对角线上，按每米长度选 1 个测点，每个构件不应少于 5 个测点。

梁、柱及桁架杆件的防火涂层厚度检测，在构件长度内每隔 3 m 取一个截面，且每个构件不应少于两个截面进行检测。对梁、柱及桁架杆件的测试截面按图 4-28 布置测点。

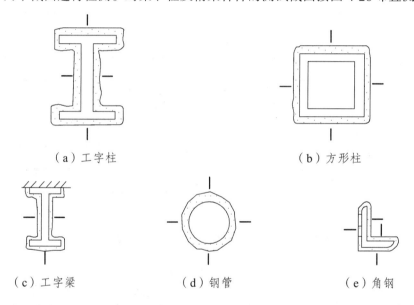

（a）工字柱　　　　　　　　　（b）方形柱

（c）工字梁　　　　（d）钢管　　　　（e）角钢

图 4-28　测点示意

以同一截面测点的平均值作为该截面涂层厚度的代表值，以构件所有测点厚度的平均值作为该构件防火涂层厚度的代表值。

防火涂层厚度检测，应经外观检查无明显缺陷后进行。防火涂料不应有误涂、漏涂，涂层应闭合无脱层、空鼓、明显凹陷、粉化松散和浮浆等外观缺陷。当有乳突存在时，尚应剔除乳突后方可进行检测。

（2）检测量具。

对防火涂层的厚度可采用探针和卡尺检测，用于检测的卡尺尾部应有可外伸的窄片。测量设备的量程应大于被测防火涂层厚度。

检测设备的分辨率不应低于 0.5 mm。

（3）检测步骤。

检测前应清除测试点表面的灰尘、附着物等，并避开构件的连接部位。

在测点处，将仪器的探针或窄片垂直插入防火涂层直至钢材防腐涂层表面，记录标尺读数，测试值应精确到 0.5 mm。

如探针不易插入防火涂层内部，可将防火涂层局部剥除的方法测量。剥除面积不宜大于15 mm×15 mm。

（4）检测结果的评价。

每个截面涂层厚度的代表值不应小于设计厚度的 85%，构件涂层厚度的代表值不应小于设计厚度。

3）涂膜厚度检测记录表（表 4-28）

表 4-28　涂膜厚度检测

检测项目	检测部位	设计厚度/mm	允许偏差/mm	平均涂膜实测厚度/mm	检测结果
钢柱涂膜厚度			−25		
			−25		
			−25		
外观	无误涂、漏涂、脱皮、皱皮、流坠、返锈现象。				
检测工具	TT220 涂膜厚度仪				
检测规范	《钢结构现场检测技术标准》（GB/T 50621—2010）				
抽样信息	抽样基数： 抽样数量：			检测类别	
检测说明	本次检测，共取　个测点，不合格测点为　个。				
钢梁涂膜厚度			−25		
			−25		
			−25		
外观	无误涂、漏涂、脱皮、皱皮、流坠、返锈现象。				
检测工具	TT220 涂膜厚度仪				
检测规范	《钢结构现场检测技术标准》GB/T 50621—2010				
抽样信息	抽样基数： 抽样数量：			检测类别	
检测说明	本次检测，共取　个测点，不合格测点为　个。				

4.3.3　钢结构变形检测

1）一般规定

本节适用于钢结构或构件变形检测。

变形检测可分为结构整体垂直度、整体平面弯曲以及构件垂直度、弯曲变形、跨中挠度等内容。

在对钢结构或构件变形检测前，宜先清除饰面层（如涂层、浮锈）。如构件各测试点饰面层厚度基本一致，且不明显影响评定结果，可不清除饰面层。

2）检测仪器

用于钢结构构件变形的测量仪器有水准仪、经纬仪、激光垂准仪和全站仪等。

用于钢结构构件变形的测量仪器和精度可参照现行行业标准《建筑变形测量规范》（JGJ 8）的要求，变形测量精度可按三级考虑。

3）检测技术

变形检测的基本原则是利用设置基准直线，量测结构或构件的变形。

测量尺寸不大于 6 m 的构件变形，可用拉线、吊线锤的方法检测。

（1）测量构件弯曲变形时，从构件两端拉紧一根细钢丝或细线，然后测量跨中构件与拉线之间的距离，该数值即是构件的变形。

（2）测量构件的垂直度时，从构件上端吊一线锤直至构件下端，当线锤处于静止状态后，测量吊锤中心与构件下端的距离，该数值即是构件的水平位移。

跨度大于 6 m 的钢构件挠度，宜采用全站仪或水准仪检测。

（1）钢构件挠度观测点应沿构件的轴线或边线布设，每一构件不得少于 3 点；

（2）将全站仪或水准仪测得的两端和跨中的读数相比较，即可求得构件的跨中挠度；

（3）钢网架结构总拼完成及屋面工程完成后的挠度值检测，跨度 24 m 及以下钢网架结构测量下弦中央一点；跨度 24 m 以上钢网架结构测量下弦中央一点及各向下弦跨度的四等分点。

尺寸大于 6 m 的钢构件垂直度、侧向弯曲矢高以及钢结构整体垂直度与整体平面弯曲宜采用全站仪或经纬仪检测。可用计算测点间的相对位置差来计算垂直度或弯曲度，也可通过仪器引出基准线，放置量尺直接读取数值的方法。

当测量结构或构件垂直度时，仪器应架设在与倾斜方向成正交的方向线上距被测目标 1 倍～2 倍目标高度的位置。

钢构件、钢结构安装主体垂直度检测，应测定钢构件、钢结构安装主体顶部相对于底部的水平位移与高差，分别计算垂直度及倾斜方向。

当用全站仪检测，现场光线不佳、扬尘、有震动时，应用其他仪器对全站仪的测量结果进行对比判断。

对既有建筑的整体垂直度检测，当发现测点超过规范要求时，宜进一步核实其是否由外饰面不平或结构施工时超标引起的。避免因外饰面不一致，而引起对结果的误判。

4）检测结果的评价

钢结构或构件变形应符合现行国家标准《钢结构设计规范》（GB 50017）、《钢结构现场检测技术标准》（GB/T 50621）、《钢结构工程施工质量验收规范》（GB 50205）等的要求。

4.3.4 钢结构外形尺寸检测

检测结果按表 4-29、表 4-30 记录。

表 4-29　钢板厚度检测记录表

检测项目	轴线	检测部位	设计厚度/mm	允许偏差/mm	实测平均厚度/mm	检测结果
钢柱/钢梁		翼缘		（+0.2，−0.5）		
		腹板		（+0.2，−0.5）		
		翼缘		（+0.2，−0.5）		
		腹板		（+0.2，−0.5）		
		翼缘		（+0.2，−0.5）		
		腹板		（+0.2，−0.5）		
检测工具		金属检测仪				
检测规范		《钢结构现场检测技术标准》（GB/T 50621—2010）				
抽样信息	抽样基数： 抽样数量：			检测类别		
检测说明	本次检测，翼缘板共取　个测点，不合格测点为　个。 本次检测，腹板共取　个测点，不合格测点为　个。					

表 4-30　截面尺寸检测

检测项目	轴线	设计尺寸/mm	允许偏差/mm	实测/mm	抽检数	合格数	合格率
柱、梁截面尺寸			宽±3，高±2				
			宽±3，高±2				
			宽±3，高±2				
检测工具		钢卷尺					
检测规范		《钢结构现场检测技术标准》GB/T 50621—2010					
抽样信息	抽样基数： 抽样数量：			检测类别			

4.3.5　强钢材度检测

1）一般规定

本节适合于用表面硬度法与光谱分析法检测钢结构中钢材抗拉强度的大致范围。

钢结构中钢材强度宜优先采用现场截取钢材试样的方法进行检测。钢结构取样位置及试样制备应按现行国家标准《钢及钢产品力学性能试验取样位置及试样制备》（GB/T 2975）的规定执行。当对钢结构取样有困难时，可采用表面硬度法与光谱分析法推定钢材强度。

每个构件应选取 3 个不同部位进行检测。检测部位表面不应有裂纹、气泡、结疤、夹杂、折叠、拉裂等缺陷。检测部位的钢材厚度不应小于 5 mm，且曲率半径不应小于 60 mm。

检测部位应选在有垂直方向支撑的部位，应避免检测部位刚度不足而产生的振动。

2）检测设备

用表面硬度法与光谱分析法检测钢结构中钢材抗拉强度时，所用表面粗糙度测量仪、里氏硬度计、直读光谱仪应符合相应产品标准的要求。

测试钢材表面硬度时，应采用里氏硬度计的 D 测头进行硬度检测。

3）检测步骤

检测应按照打磨处理、表面粗糙度测定、四元素（C、Si、Mn、P）的含量测定、硬度测定、测试面修复等步骤进行。

构件测试部位的打磨处理，可用钢锉打磨构件表面，除去表面锈斑、油漆，然后应分别用粗、细砂纸打磨构件表面，直至露出金属光泽。打磨区域不应小于 30 mm×60 mm。

打磨后，可用粗糙度测量仪测定表面粗糙度，测试部位表面粗糙度应小于 2.0 μm。

用直读光谱仪测定碳（C）、硅（Si）、锰（Mn）、磷（P）四元素的含量，测定时应按《碳素钢和中低合金钢的光电发射光谱分析方法》GB4336 的规定执行。当不具备用直读光谱仪测定四元素（C、Si、Mn、P）的含量时，可在现场钻取或刨取钢屑进行实验室分析，取样方法应按现行国家标准《钢的化学分析用试样取样法及成品化学成分允许偏差》（GB 222）的规定执行。

表面硬度测定应符合下列要求：

（1）硬度测定前，应用里氏硬度计所带标准块对仪器进行校准。安装调整好仪器，在标准块测定硬度，当相邻两点读数小于 12 HL 时，方可开始测定。

（2）硬度测定时，其试验方法应按国家标准《金属材料　里氏硬度试验》（GB/T 17394.1—2014）的规定执行。

（3）测定硬度时，冲击方向宜垂直向下。当冲击方向非垂直向下时，应考虑进行硬度值的修正。若硬度计无修正功能，则应按国家标准《金属材料　里氏硬度试验》（GB/T 17394.1—2014）附录 A 的要求进行修正。

（4）每个测试部位应进行 5 点，测点之间的间距应大于 8 mm，取 5 次平均值作为该测试部位试件表面硬度代表值。

4）钢材抗拉强度的推算

根据测试部位钢材炭（C）、硅（Si）、锰（Mn）、磷（P）的含量与表面硬度平均值，分别按下列各式推算钢材钢材强度换算值：

$$\sigma_{bi} = 285 + 7C + 2Si + 0.06Mn + 7.5P \tag{4-1}$$

$$\sigma'_{bi} = 364.1 + 0.2295EXP（0.0165Rm） \tag{4-2}$$

式中　σ_{bi}——第 i 个测试部位的钢材强度换算值；

　　C、Si、Mn、P——钢材中炭、硅、锰、磷元素的含量（以 0.01%计）；

　　Rm——第 i 个测试部位的里氏硬度平均值。

取式（4-1）和式（4-2）中的较小值作为该测试部位的钢材抗拉强度值。

以构件中 3 处钢材强度换算值的平均值作为该构件的钢材抗拉强度代表值。

根据同种钢材的屈强比，计算钢材的屈服强度。

4.3.6　钢结构动力检测

1）一般规定

本节适用于钢结构动力特性的检测。测试结构动力输入处和响应处的应变、位移、速度或加速度等时程信号，获取结构的自振频率、模态振型、阻尼等结构动力性能参数。

下列情况之一时，宜对钢结构动力特性进行检测：

（1）需要进行抗震、抗风、工作环境或其他激励下的动力响应计算的结构。

（2）需要通过动力参数进行结构损伤识别和故障诊断的结构。

（3）通过结构模型动力试验，对拟建结构的动态特性的预估和优化设计。

（4）在某种动外力作用下，某些部分动力响应过大的结构。

（5）其他需要获取结构动力性能参数的结构。

2）仪器设备

根据被测参数选择合适的位移计、速度计、加速度计和应变计，使被测频率落在传感器的频率响应范围内。

测量前应预估测量参数的最大幅值，选择合适的传感器和动态信号测试仪的量程范围，提高输出信号的信噪比。

动态信号测试仪应具备低通滤波，低通滤波截止频率应小于采样频率的 0.4 倍，防止信号发生频率混淆。

动态信号测试系统的精度、分辨率、线型度、时漂等参数应符合相关规程的要求。

3）检测技术

试验前应根据试验目的制定试验方案，必要的时候应进行计算。根据方案准备适合的信号测试系统。

结构动力性能检测可采用环境随机振动激励法。对于仅需获得结构基本模态的，可采用初始位移法、重物撞击法等方法，如结构模态密集或结构特别重要且条件许可，则可采用稳态正弦激振方法。对于大型复杂结构宜采用多点激励方法。对于单点激励法测试结果，必要时可采用多点激励法进行校核。

根据测试需求确定动态信号测试仪采样间隔和采样时长，同时采样频率应满足采样定理的基本要求。

确定传感器的安装方式，安装谐振频率要远高于测试频率。

传感器安装位置应尽量避开振型节点和反节点处。

结构动力测试作业应保证不产生对结构性能有明显影响的损伤。

试验时应避免环境及测试系统干扰。

进行动力检测时，应制定安全保护措施，并满足相应设备操作安全规程和相关国家安全规程。

4）检测数据分析与评定

数据处理前，应对记录的信号进行零点漂移、波形和信号起始相位的检验。

根据需要，可对记录的信号进行截断、去直流、积分、微分和数字滤波等信号预处理可根据激励方式和结构特点选择时域、频域方法或小波分析等信号处理方法。

采用频域方法进行数据处理时，根据信号类型宜选择不同的窗函数处理。

试验数据处理后，应根据需要提供试验结构的自振频率、阻尼比和振型以及动力反应 最大幅值、时程曲线、频谱曲线等分析结果。

案例　某钢结构厂房检测方案

1）工程概况

某建筑物为单层双跨（17 m×2）门式刚架轻型钢结构房屋。建筑平面呈矩形，长度为 72 m，宽度为 34 m，层高为 6.150 m，屋盖结构采用 C 型钢檩条、压型钢板（单板加岩棉保温）双坡顶屋面，基础为独立基础。由于该建筑物在施工过程中无现场监督及验收资料，为了确保该建筑物安全使用，某单位委托我单位对其可靠性鉴定。

2）检测标准

（1）《建筑工程质量验收统一标准》（GB 50300）；

（2）《建筑结构检测技术标准》（GB50344）

（3）《钢结构工程施工质量验收规范》（GB 50205）；

（4）《钢结构现场检测技术标准》（GB/T 50621）；

（5）《钢焊缝手工超声波探伤方法和探伤结果分级》（GB/T 11345）；

（6）《钢结构防火涂料应用技术规程》（CECS 24）；

（7）《混凝土结构工程施工质量验收规范》（GB 50204）；

（8）《回弹法检测混凝土抗压强度技术规程》（JGJ/T 23）；

（9）《建筑变形量测规程》（JGJ 8）；

（10）《民用建筑可靠性鉴定标准》（GB 50292）；

（11）《建筑抗震鉴定标准》（GB 50023）；

（12）《建筑抗震设计规范》（GB 50011）；

（13）《钢结构设计规范》（GB 50017）；

（14）《混凝土结构设计规范》（GB 50010）；

（15）《建筑地基基础设计规范》（GB 50007）；

（16）《建筑结构荷载规范》（GB 50009）；

（17）委托单位提供的结构施工图纸一套。

上述标准均以现行最新发布的已实施版本为准。

3）检测仪器

（1）混凝土强度检测：采用山东乐陵仪器厂生产的 ZC3-A 混凝土回弹仪。

（2）钢筋配置检测：采用 PS200 钢筋探测仪。

（3）尺寸测量：采用测量仪器为 5 m 钢卷尺及游标卡尺。

（4）焊缝尺寸检测：焊缝检测尺。

（5）内部缺陷检测：CTS-9003 型超声波检测仪。

（6）钢材厚度检测：超声测厚仪。

（7）防腐涂层厚度检测：Danatronics EHC-09 超声波测厚仪。

（8）高强度螺栓终拧扭矩检测：扭矩扳手。

上述检测仪器符合国家现行有关标准的要求，均在法定计量检定有效期内。

4）检测内容及方法

收集该建筑的相关施工资料，主要包括岩土勘察报告、设计图纸、施工日志及各种材料的检验合格证。

（1）钢结构原材料检验。

① 钢材力学性能检测。

根据《建筑结构检测技术标准》（GB/T 50344）的要求，对钢材的力学性能进行检测。

a. 钢材的力学性能检验项目。

屈服点、抗拉强度、伸长率、冷弯、冲击功等。

b. 取样。

工程有与结构同批的钢材时，将其加工成试件，进行钢材力学性能检验；

工程没有与结构同批的钢材时，可在构件上截取试样，但应确保结构构件的安全。

c. 力学性能检验试件的取样数量、取样方法、试验方法和评定标准见表 4-31。

表 4-31　力学性能检验试件的取样数量、取样方法、试验方法和评定标准

检验项目	取样数量（个/批）	取样方法	试验方法	评定标准
屈服点、抗拉强度、伸长率	1	《钢及钢产品　力学性能试验取样位置及试样制备》GB 2975	《金属材料　拉伸试验第 1 部分：室温试验方法》GB/T 228.1	《碳素结构钢》GB700；《低合金高强度结构钢》GB/T1591；其他钢材产品标准
冷弯	1		《金属材料　弯曲试验方法》GB/T 232	
冲击功	3		《金属材料　夏比摆锤冲击试验方法》GB/T 229	

d. 钢材化学成分分析。

分类：全成分分析、主要成分分析。

取样、试验和评定：

钢材化学成分的分析每批钢材可取一个试样；

取样按《钢和铁化学成分测定用试样的取样和制样方法》（GB/T 20066）进行；

试验按《钢铁及合金化学分析方法》（GB 223）进行；

按相应产品标准进行评定。

e. 既有钢结构钢材的抗拉强度范围估算可采用表面硬度法检测：

将构件测试部位用钢锉打磨构件表面，除去表面锈斑、油漆，然后应分别用粗、细砂纸打磨构件表面，直至露出金属光泽。

按所用仪器的操作要求测定钢材表面的硬度。

在测试时，构件及测试面不得有明显的颤动。

按所建立的专用测强曲线换算钢材的强度。

也可参考《黑色金属硬度及相关强度换算值》（GB/T 1172）等标准的规定确定钢材的换算抗拉强度，但测试仪器和检测操作应符合相应标准的规定，并应对标准提供的换算关系进行验证。

应用表面硬度法检测钢结构钢材抗拉强度时，应有取样检验钢材抗拉强度的验证。

（2）钢材的物理分析

根据《建筑结构检测技术标准》（GB/T 50344）的要求，对钢材的物理性质进行检测分析。

（2）地基基础。

① 混凝土构件强度检测。

根据《建筑结构检测技术标准》（GB/T 50344）的要求，并考虑到检测现场的实际情况，在该工程基础梁部分抽取 1 道基础梁，采用回弹法对混凝土强度进行检测，并在有代表性区域内进行混凝土碳化深度检测。

② 钢筋配置检测。

根据《建筑结构检测技术标准》（GB/T 50344）的要求，并考虑到检测现场的实际情况，在该工程基础梁部分抽取 1 道基础梁，采用钢筋扫描仪对混凝土内部钢筋数量、间距、保护层厚度进行检测。

③ 构件截面尺寸检测。

对该工程基础梁的实际截面尺寸进行测量。

（3）上部结构。

① 构件尺寸检测。

根据《钢结构工程施工质量验收规范》（GB 50205）的要求，并考虑到检测现场的实际情况，每一品种、规格的钢材抽检 5 处，采用游标卡尺检测钢构件截面尺寸。

钢构件尺寸的检测应符合下列规定：

a. 抽样检测构件的数量，可根据具体情况确定，但不应少于建筑结构抽样检测的最小样本容量规定的相应检测类别的最小样本容量；

b. 尺寸检测的范围，应检测所抽样构件的全部尺寸，每个尺寸在构件的 3 个部位量测，取 3 处测试值的平均值作为该尺寸的代表值。

c. 尺寸量测的方法，可按相关产品标准的规定量测，其中钢材的厚度可用超声测厚仪测定；

d. 构件尺寸偏差的评定指标，应按相应的产品标准确定；

e. 对检测批构件的重要尺寸，应按主控项目正常一次性抽样或主控项目正常二次性抽样进行检测批的合格判定；对检测批构件一般尺寸的判定，应按本标准按一般项目正常一次性抽样或一般项目正常二次性抽样进行检测批的合格判定；

f. 特殊部位或特殊情况下，应选择对构件安全性影响较大的部位或损伤有代表性的部位进行检测。

钢构件的尺寸偏差，应以设计图纸规定的尺寸为基准计算尺寸偏差；偏差的允许值，应按《钢结构工程施工质量验收规范》（GB 50205）确定。

钢构件安装偏差的检测项目和检测方法，应按《钢结构工程施工质量验收规范》（GB 50205）确定。

② 构件变形检测。

根据《钢结构工程施工质量验收规范》（GB 50205）的要求，并考虑到检测现场的实际情况，对梁、柱等构件，先采用目测对构件变形检查，对于有异常情况或疑点的构件，对梁可在构件支点间拉紧一根铁丝或细线，然后测量给点的垂直度与平面外侧向变形，对柱的倾斜采用全站仪或铅垂进行测量，对柱的挠度可在构件支点间拉紧一根铁丝或细线进行测量。

③ 构件外观质量检测。

根据《钢结构工程施工质量验收规范》（GB 50205）的要求，并考虑到检测现场的实际情况，对所有钢结构构件采用目测并结合放大镜、焊缝检测尺对钢结构现场外观质量进行检测。钢材外观质量的检测可分为均匀性，是否有夹层、裂纹、非金属夹杂和明显的偏析等项目。当对钢材的质量有怀疑时，应对钢材原材料进行力学性能检验或化学成分分析。

a. 对钢结构损伤的检测可分为裂纹、局部变形、锈蚀等。

b. 钢材裂纹，可采用观察的方法和渗透法检测。采用渗透法检测时，应用砂轮和砂纸将检测部位的表面及其周围 20 mm 范围内打磨光滑，不得有氧化皮、焊渣、飞溅、污垢等；用清洗剂将打磨表面清洗干净，干燥后喷涂渗透剂，渗透时间不应少于 10 min；然后再用清洗剂将表面多余的渗透剂清除；最后喷涂显示剂，停留 10 ~ 30 min 后，观察是否有裂纹显示。

c. 杆件的弯曲变形和板件凹凸等变形情况，可用观察和尺量的方法检测，量测出变形的程度；变形评定，应按现行《钢结构工程施工质量验收规范》（GB 50205）的规定执行。

d. 螺栓和铆钉的松动或断裂，可采用观察或锤击的方法检测。

e. 结构构件的锈蚀，可按《涂装前钢材表面锈蚀等级和除锈等级》（GB 8923）确定锈蚀等级，对 D 级锈蚀，还应量测钢板厚度的削弱程度。

f. 钢结构构件的挠度、倾斜等变形与位移和基础沉降等，可分别参照标准的有关方法和相应标准规定的方法进行检测。

④ 内部缺陷的超声波检测

根据《钢结构工程施工质量验收规范》（GB 50205）的要求，并考虑到检测现场的实际情况，在钢结构构件中对所有要求全焊透的一、二级焊缝采用手工法检测钢框架焊缝焊接质量，并检查焊缝表面有无气孔、夹渣、弧坑裂纹等缺陷。

对管材壁厚为 4 ~ 8 mm、曲率半径为 60 ~ 160 mm 的钢管对接焊缝与相贯节点焊缝进行检测时，应按照《钢结构超声波探伤及质量分级法》（JG/T 203）执行；

对管材厚度不小于 8 mm、曲率半径不小于 160 mm 的普通碳素钢和低合金钢对接全熔透焊缝进行 A 型脉冲反射式手工超声波的检测。

a. 超声检测。

检测前应对探测面进行打磨，清除焊渣、油垢及其他杂质，表面粗糙度不应超过 6.3 μm；

根据构件的不同厚度，选择仪器时间基线水平、深度或声程的调节；

当受检构件的表面耦合损失及材质衰减与试块不同时，宜考虑表面补偿或材质补偿；

耦合剂应具有良好透声性和适宜流动性，不应对材料和人体有损伤作用，同时应便于检测后清理；

探伤灵敏度不应低于评定线灵敏度。扫查速度不应大于 150 mm/s，相邻两次探头移动间隔应有探头宽度 10% 的重叠；

对所有反射波幅超过定量线的缺陷，均应确定其位置、最大反射波幅所在区域和缺陷指示长度；

在确定缺陷类型时，可将探头对准缺陷做平动和转动扫查，观察波形的相应变化，并结合操作者的工程经验，作出判断。

b. 射线照相检测法。

可用于钢结构金属熔化焊对接接头的表面和内部缺陷的检测，应按照《金属熔化焊焊接接头射线照相》（GB/T 3323）的要求执行。射线照相检测应按照布设警戒线、表面质量检查、设标记带、布片、透照、暗室处理、缺陷的评定的步骤进行。在确定缺陷类型时，宜从多个方面分析射线照相的影像，并结合操作者的工程经验，作出判断。

c. 磁粉检测法。

可用于铁磁材料的表面和近表面缺陷的检测，不用于奥氏体不锈钢铝镁合金制品中的缺陷探伤检测。磁粉检测应按以下程序进行：

进行磁粉检测前，应对受检部位表面进行干燥和清洁处理，用干净的棉纱擦净油污、锈斑；

进行检测时，必须边磁化边向被检部位表面喷洒磁悬液，每次磁化时间为 0.5 s～1 s，磁悬液浇到工件表面后再通电 2～3 次；

喷洒磁悬液时，应不断搅拌或摇动磁悬液，必须缓慢，用力轻且均匀，停止浇液后再通电 1～2 次；

观察磁粉痕迹时现场光线应明亮，可用亮度较高的灯进行观察。当产生疑问时，应重新探测。

⑤ 高强度螺栓检测。

a. 高强度螺栓连接摩擦面的抗滑移试验。

根据《钢结构工程施工质量验收规范》（GB 50205）的要求，并考虑到检测现场的实际情况，抽取 15 个构件对连接摩擦面的抗滑移进行检测。

b. 高强度螺栓终拧扭矩检测。

根据《钢结构工程施工质量验收规范》（GB 50205）的要求，并考虑到检测现场的实际情况，采用扭矩扳手对钢结构高强度螺栓连接副终拧扭矩进行检测。

⑥ 化学植筋及化学锚栓拉拔力检测。

根据《混凝土结构后锚固技术规程》（JGJ 145）的要求，并考虑到检测现场的实际情况，分别随机抽取 15 根锚固钢筋及锚栓采用拉拔仪对拉拔力进行检测。

⑦ 钢材厚度检测。

根据《钢结构工程施工质量验收规范》（GB 50205）的要求，并考虑到检测现场的实际情况，采用超声测厚仪对钢材的厚度进行检测。

⑧ 防腐涂层厚度检测。

根据《钢结构工程施工质量验收规范》（GB 50205）的要求，并考虑到检测现场的实际情况，采用涂层测厚仪对防腐涂层厚度进行检测，并检查涂层厚度是否均匀，是否存在离析、坠流等现象。

⑨ 防火涂层厚度检测

根据《钢结构工程施工质量验收规范》（GB 50205）的要求，并考虑到检测现场的实际情况，采用钢结构防火涂料涂层厚度测定方法检测钢构件表面涂层厚度是否满足设计要求，并检查涂层厚度是否均匀，是否存在离析、坠流等现象。

⑩ 检查围护结构是否完整，是否满足设计要求。

（4）设计复核。

根据现场检测结果和国家有关规范以及原设计图纸对该建筑物进行承载力计算复核，若存在承载力不足等问题，提出处理意见。

（4）结构性能实荷检验与动测。

a. 对于大型复杂钢结构体系可进行原位非破坏性实荷检验，直接检验结构性能。

b. 对结构或构件的承载力有疑义时，可进行原型或足尺模型荷载试验。试验应委托具有足够设备能力的专门机构进行。试验前应制定详细的试验方案，包括试验目的、试件的选取或制作、加载装置、测点布置和测试仪器、加载步骤以及试验结果的评定方法等。

c. 对于大型重要和新型钢结构体系，宜进行实际结构动力测试，确定结构自振周期等动力参数。

d. 钢结构杆件的应力，可根据实际条件选用电阻应变仪或其他有效的方法进行检测。

（5）工期安排。

现场检测约 3～5 个工作日，数据整理、出具报告约 3～5 个工作日，共计约 6～10 个工作日。

（6）结论及建议。

① 该工程基础混凝土强度符合设计要求。

② 钢梁的承载力满足要求。

③ 钢柱的承载能力满足要求。

④ 柱的长细比均满足要求。

⑤ 钢柱的稳定性均满足要求性。

⑥ 梁柱节点连接满足设计要求。

⑦ 结构的整体倾斜满足规范要求。

⑧ ……

练 习

一、选择题

1. 每个尺寸在构件的（　　　）个部位量测，取平均值为该尺寸的代表值。

    A. 2 　　　　　　 B. 3 　　　　　　 C. 4 　　　　　　 D. 5

2. 超声探伤中试块的用途是：（　　　）。

    A. 确定合适的探伤方法 　　　　　　 B. 确定探伤灵敏度和评价缺陷大小

    C. 检验仪器性能 　　　　　　 D. 测试探头的性能

3. 我们常用超声探伤仪是（　　　）显示探伤仪。

    A. A 型 　　　　　 B. B 型 　　　　　 C. C 型 　　　　　 D. D 型

4. 对有加强高的焊缝作斜平行扫查探测焊缝横向缺陷时，应（　　　）。

    A. 保持灵敏度不变 　　　　　　 B. 适当提高灵敏度

C. 增加大 K 值探头探测   D. 以上 B 和 C

5. 普通螺栓作为永久性连接螺栓时，当设计有要求或对其质量有疑义时，应进行（　　）。

    A. 扭矩系数实验   B. 化学成分分析

    C. 硬度实验   D. 螺栓实物最小拉力载荷实验

6. 未在终拧中拧掉梅花头的螺栓数不应大于节点螺栓数的（　　）。

    A. 1%   B. 2%   C. 5%   D. 10%

7. 高强度大六角头螺栓连接副终拧扭矩检测应在（　　）的时间内进行。

    A. 24 h 后   B. 1 h 后，48 h 内   C. 24 h 内   D. 2 h 后，48 h 内

8. 钢结构工程现场安装焊缝的探伤比例应按（　　）计算百分比。

    A. 同一类型、同一施焊条件的焊缝条数   B. 每条焊缝

    C. 所有焊缝总条数   D. 以上都可以

9. 单层钢结构主体的整体垂直度允许偏差为（　　）

    A. $H/1\,000$，且不应大于 25 mm   B. $H/2\,000$，且不应大于 25 mm

    C. $H/1\,000$，且不应大于 20 mm   D. $H/2\,000$，且不应大于 20 mm

10. 钢网架焊接球节点承载力试验中，试验破坏载荷值应（　　）。

    A. 大于或等于 1.0 倍设计承载力   B. 大于或等于 1.2 倍设计承载力

    C. 大于或等于 1.6 倍设计承载力   D. 大于或等于 2.0 倍设计承载力

11. GB 11345-89 规范中根据焊缝质量要求，检验等级分为 A、B、C 三级，其中等级最高，难度系数最大的是（　　）级。

    A. A   B. B   C. C   D. 都一样

二、判断题

1. 构件表面缺陷的检测常用超声检测法。（　　）

2. 焊缝尺寸检测，应测定焊缝的实际有效长度及焊脚尺寸是否满足设计要求。（　　）

3. 磁粉探伤的一般程序步骤为：预处理-施加磁粉-磁化-观察记录。（　　）

4. 磁粉检测分为干法、中性、湿法三种。（　　）

5. 紧固件检测以一个连接副为单位进行，一个连接副包括上下两个螺栓，两个螺母及垫圈。（　　）

6. 超声波检验可对异型构件、角焊缝、T 型焊缝等复杂构件的检测，也可检测出缺陷在材料（工件）中的埋藏深度。（　　）

7. 薄涂型防火涂料的涂层厚度 80% 及以上面积应符合有关耐火极限的设计要求。（　　）

8. 钢结构焊缝超声波探伤 DAC 曲线是以 $\phi 1 \times 6$ mm 标准反射体绘制的距离-波幅曲线。（　　）

9. 焊接球无损检验中，每一规格应按数量抽查 10%。（　　）

10. 高强度大六角头螺栓连接副扭矩系数试验中，每套连接副只应做一次试验，不得重复使用。（　　）

三、简答题

1. 简述钢结构的检测内容。

2. 简述焊缝探伤中如何选择。

3. 吊装前对钢构件应做哪些检查？

5 装配式木结构质量检测

木结构工程（图 5-1）检测施工单位、木加工厂应具备相应的资质和施工技术标准（或制造工艺标准）、健全的质量管理体系、质量检验制度和综合质量水平的考评制度。木结构工程应按下列规定控制施工质量：

（1）木结构工程采用的木材（含规格材、木基结构板材）、钢构件和连接件、胶合剂及层板胶合木构件、器具及设备应进行现场验收。凡涉及安全、功能的材料或产品应按本规范或相应的专业工程质量验收规范的规定复验，并应经监理工程师（建设单位技术负责人）检查认可。

（2）各工序应按施工技术标准控制质量，每道工序完成后，应进行检查。

（3）相关各专业工种之间，应进行交接检验，并形成记录。未经监理工程师（建设单位技术负责人）检查认可，不得进行下道工序施工。

图 5-1　木结构工程

5.1　装配式木结构构件制作质量验收

5.1.1　胶合木结构

（1）胶合木构件（图 5-2）的制作检测应根据胶合木构件对层板目测等级的要求，按表 5-1 的规定检查木材缺陷的限值。检查数量应在层板接长前应根据每一树种，截面尺寸按等级随机取样 100 片木板。用钢尺或量角器量测。

（2）胶缝应检验完整性，并应按照表 5-3 规定胶缝脱胶试验方法进行。对于每个树种、胶种、工艺过程至少应检验 5 个全截面试件。脱胶面积与试验方法及循环次数有关，每个试件的脱胶面积所占的百分率应小于表 5-4 所列限值。

图 5-2　胶合木构件

表 5-1　层板材质标准

项次	缺陷名称	木材等级		
		Ⅰa	Ⅱa	Ⅲa
		受拉构件或拉弯构件	受弯构件或压弯构件	受压构件
1	腐朽，压损，严重的压应木，大量含树脂的木板，宽面上的漏刨	不允许	不允许	不允许
2	木节： ①突出于板面的木节； ②在层板较差的宽面任何 200 mm 长度上所有木节尺寸的总和不得大于构件面宽的	不允许 1/3	不允许 2/5	不允许 1/2
3	斜纹：斜率不大于（％）	5	8	15
4	裂缝： ①含树脂的振裂； ②窄面的裂缝（有对面裂缝时，用两者之和）深度不得大于构件面宽的； ③宽面上的裂缝（含劈裂、振裂）深 $b/8$，长 $2b$，若贯穿板厚而平行于板连长 1/2	不允许 1/4 允许	不允许 1/3 允许	不允许 不限 允许
5	髓心	不允许	不限	不限
6	翘曲、顺弯或扭曲≤4/1 000，横弯≤2/1 000，树脂条纹宽≤$b/12$，长≤l/b，干树脂囊宽 3 mm，长<b，木板侧边漏刨长 3 mm，刀具撕伤木纹，变色但不变质，偶尔的小虫眼或分散的针孔状虫眼，最后加工能修整的微小损棱	允许	允许	允许

注：

①木节是指活节、健康节、紧节、松节及节孔；

②b——木板（或拼合木板）的宽度；l——木板的长度；

③Ⅰbt 级层板位于梁受拉区外层时在较差的宽面任何 200 mm 长度上所有木节尺寸的总和不得大于构件面宽的 1/4，在表面加工后距板边 13 mm 的范围内，不允许存在尺寸大于 10 mm 的木节及撕伤木纹；

④构件截面宽度方向由两块木板拼合时，应按拼合后的宽度定级。

表 5-2　边翘材横向翘曲的限值

表 5-2　边翘材横向翘曲的限值

木板厚度/mm	木板宽度/mm		
	≤100	150	≥200
20	1.0	2.0	3.0
30	0.5	1.5	2.5
40	0	1.0	2.0
45	0	0	1.0

表 5-3　胶缝脱胶试验方法

使用条件类别①	1		2		3
胶 的 型 号②	Ⅰ	Ⅱ	Ⅰ	Ⅱ	Ⅰ
试 验 方 法	A	C	A	C	A

注：

① 层板胶合木的使用条件根据气候环境分为 3 类：

1 类——空气温度达到 20 ℃，相对湿度每年有 2~3 周超过 65%，大部分软质树种木材的平均平衡含水率不超过 12%；

2 类——空气温度达到 20 ℃，相对湿度每年有 2~3 周超过 85%，大部分软质树种木材的平均平衡含水率不超过 20%；

3 类——导致木材的平均平衡含水率超过 20% 的气候环境，或木材处于室外无遮盖的环境中。

② 胶的型号有Ⅰ型和Ⅱ型两种：

Ⅰ型——可用于各类使用条件下的结构构件，当选用间苯二酚树脂胶或酚醛间苯二酚树脂胶时，结构构件温度应低于 85 ℃。

Ⅱ型——只能用于 1 类或 2 类使用条件，结构构件温度应经常低于 50 ℃（可选用三聚氰胺脲醛树脂胶）。

表 5-4　胶缝脱胶率　　　　　　　　　　　　　　　　　　%

试验方法	胶的型号	循环次数		
		1	2	3
A	Ⅰ		5	10
C	Ⅱ	10		

（3）对于每个工作班应从每个流程或每 10 m³ 的产品中随机抽取 1 个全截面试件，对胶缝完整性进行常规检验，并应按照表 5-5 规定胶缝完整性试验方法进行。结构胶的型号与使用条件应满足表 5-6 的要求。脱胶面积与试验方法及循环次数有关，每个试件的脱胶面积所占的百分率应小于表 5-4 和表 5-6 所列限值。

表 5-5　常规检验的胶缝完整性试验方法

使用条件类别①	1	2	3
胶 的 型 号②	Ⅰ 和Ⅱ	Ⅰ 和Ⅱ	Ⅰ
试 验 方 法	脱胶试验方法 C 或胶缝抗剪试验	脱胶试验方法 C 或脱缝抗剪试验	脱胶试验方法 A 或 B

注：同表 5-3。

表 5-6　胶缝脱胶率　　　　　　　　　　　　　　　　　　　　　　%

试验方法	胶的类型	循环次数	
		1	2
B	I	4	8

（4）每个全截面试件胶缝抗剪试验所求得的抗剪强度和木材破坏百分率应符合下列要求：

① 每条胶缝的抗剪强度平均值应不小于 6.0 MPa，对于针叶材和杨木当木材破坏达到100%时，其抗剪强度达到 4.0 MPa 也被认可。

② 与全截面试件平均抗剪强度相应的最小木材破坏百分率及与某些抗剪强度相应的木材破坏百分率列于表 5-7。

表 5-7　与抗剪强度相应的最小木材破坏百分率　　　　　　　　　　%

	平均值			个别数值		
抗剪强度 f_v（N/mm^2）	6	8	≥11	4～6	6	≥10
最小木材破坏百分率	90	70	45	100	75	20

注：中间值可用插入法求得。

（5）指接范围内的木材缺陷和加工缺陷应按下列规定检查：

① 不允许存在裂缝、涡纹及树脂条纹；

② 木节距指端的净距不应小于木节直径的 3 倍；

③ I$_c$ 和 I$_{ct}$ 级木板不允许有缺指或坏指，II$_c$ 和III$_c$ 级木板的缺指或坏指的宽度不得超过允许木节尺寸的 1/3。

④ 在指长范围内及离指根 75 mm 的距离内，允许存在钝棱或边缘缺损，但不得超过两个角，且任一角的钝棱面积不得大于木板截面面积的 1%。

检查时应在每个工作班的开始、结尾和在生产过程中每间隔 4 h 各选取 1 块木板，用钢尺量和辨认。

（6）层板接长的指接弯曲强度检测应符合规定：

① 见证试验：当新的指接生产线试运转或生产线发生显著的变化（包括指形接头更换剖面）时，应进行弯曲强度试验。试件应取生产中指接的最大截面。根据所用树种、指接几何尺寸、胶种、防腐剂或阻燃剂处理等不同的情况，分别取至少 30 个试件。

因木材缺陷引进破坏的试验结果应剔除，并补充进行试验，以取得至少 30 个有效试验数据，据此进行统计分析求得指接弯曲强度标准值 f_{mk}。

② 常规试验：从一个生产工作班至少取 3 个试件，尽可能在工作班内按时间和截面尺寸均匀分布。从每一生产批料中至少选一个试件，试件的含水率应与生产的构件一致，并应在试件制成后 24 h 内进行试验。其他要求与见证试验相同。

常规试验合格的条件是 15 个有效指接试年的弯曲强度标准值大于等于 f_{mk}。

5.1.2　轻型木结构

轻型木结构（图 5-3）是由锚固在条形基础上，用规格材作墙骨，木基结构板材做面板的框架墙承重，支承规格材组合梁或层板胶合梁作主梁或屋脊梁，规格材作搁栅、椽条与木基结构板材构成的楼盖和屋盖，并加必要的剪力墙和支撑系统。

楼盖主梁或屋脊梁可采用结构复合木材梁，搁栅可采用预制工字形木搁栅，屋盖框架可采用齿板连接的轻型木屋架。这 3 种木制品必须是按照各自的工艺标准在专门的工厂制造，并经有资质的木结构检测机构检验合格。

图 5-3　轻型木结构

1）检测主控项目

（1）规格材的应力等级。

规格材的应力等级检验应满足下列要求：

① 对于每个树种、应力等级、规格尺寸至少应随机抽取 15 个足尺试件进行侧立受弯试验，测定抗弯强度。

② 根据全部试验数据统计分析后求得的抗弯强度设计值应符合规定。

（2）应根据设计要求的树种、等级按表 5-8 的规定检查规格材的材质和木材含水率（≤18%）。检查时每检验批随机取样 100 块，用钢尺或量角器测，按表 5-8～表 5-12 的规定测定规格材全截面的平均含水率，并对照规格材的标识。

表 5-8　轻型木结构用规格材材质标准

项次	缺陷名称	材质等级		
		I_c	II_c	III_c
1	振裂和干裂	允许个别长度不超过 600 mm，不贯通，如贯通，参见劈裂要求		贯通：600 mm 长 不贯通：900 mm 长或不超过 1/4 构件长
2	漏刨	构件的 10% 轻度漏刨③		轻度漏刨不超过构件的 5%，包含长达 600 mm 的散布漏刨⑤，或重度漏刨④
3	劈裂	$b/6$		$1.5b$
4	斜纹：斜率不大于/%	8	10	12
5	钝棱⑥	$h/4$ 和 $b/4$，全长或等效		$h/3$ 和 $b/3$，全长或等效，如果每边钝棱不超过 $2h/3$ 或 $b/2$、$L/4$

项次	缺陷名称	材质等级		
		I$_c$	II$_c$	III$_c$
6	针孔虫眼	每25 mm的节孔允许48个针孔虫眼，以最差材面为准		
7	大虫眼	每25 mm的节孔允许12个6 mm的大虫眼，以最差材面为准		
8	腐朽-材心[⑫a]	不允许		当 $h>40$ mm 时不允许，否则 $h/3$ 或 $b/3$
9	腐朽-白腐[⑫b]	不允许		1/3 体积
10	腐朽-蜂窝腐[⑫c]	不允许		1/6 材宽[⑬]-坚实[⑬]
11	腐朽-局部片状腐[⑫d]	不允许		1/6 材宽[⑬⑭]
12	腐朽-不健全材	不允许		最大尺寸 $b/12$ 和50 mm 长，或等效的多个小尺寸[⑬]
13	扭曲、横弯和顺弯[⑦]	1/2 中度		轻度

项次	木节和节孔[⑮]高度/mm	健全节、卷入节和均布节[⑧]		非健全节，松节和节孔[⑨]	健全节、卷入节和均布节		非健全节，松节和节孔[⑩]	任何木节		节孔[⑪]
		材边	材心		材边	材心		材边	材心	
14	40	10	10	10	13	13	13	16	16	16
	65	13	13	13	19	19	19	22	22	22
	90	19	22	19	25	38	25	32	51	32
	115	25	38	22	32	48	29	41	60	35
	140	29	48	25	38	57	32	48	73	38
	185	38	57	32	64	93	38	64	89	51
	235	48	67	32	64	93	38	83	108	64
	285	57	76	32	76	95	38	95	121	76

表 5-9 轻型木结构用规格材材质标准

项次	缺陷名称	材质等级	
		IV$_c$	V$_c$
1	振裂和干裂	贯通——$L/3$ 不贯通——全长 3 面振裂——$L/6$ 干裂无限制，贯通干裂参见劈裂要求	不费通——全长 贯通和三面振裂 L/3
2	漏刨	散布漏刨伴有不超过构件 10%的重度漏刨[⑧]	任何面的散布漏刨中，宽面含不超过10%的重度漏刨[④]
3	劈裂	$b/6$	$2b$
4	斜纹：斜率不大于/%	25	25

项次	缺陷名称	材质等级					
		IV_c			V_c		
5	钝棱⑥	$h/2$ 和 $b/2$,全长或等效不超过 $7h/8$ 或 $3b/4$,$L/4$			$h/3$ 和 $b/3$,全长或每个面等效,如果钝棱不超过 $h/2$ 或 $3b/4$,$\leqslant L/4$		
6	针孔虫眼	每 25 mm 的节孔允许 48 个针孔虫眼,以最差材面为准					
7	大虫眼	每 25 mm 的节孔允许 12 个 6 mm 的大虫眼,以最差材面为准					
8	腐朽-材心⑰a	1/3 截面⑱			1/3 截面⑱		
9	腐朽-白腐⑰b	无限制			无限制		
10	腐朽-蜂窝腐⑰c	100%坚实			100%坚实		
11	腐朽-局部片状腐⑰d	1/3 截面			1/3 截面		
12	腐朽-不健全材	1/3 截面,深入部分 1/6 长度⑯			1/3 截面,深入部分 1/6 长度⑯		
13	扭曲、横弯和顺弯⑦	中度			1/2 中度		
14	木节和节孔⑧ 高度（mm）	任何木节		节孔⑫	任何木节		节孔⑫
		材边	材心				
	40	19	19	19	19	19	19
	65	32	32	32	32	32	32
	90	44	64	44	44	64	38
	115	57	76	48	57	76	44
	140	70	95	51	70	95	51
	185	89	114	64	89	114	64
	235	114	140	76	114	140	76
	285	140	165	89	140	165	89

表 5-10　轻型木结构用规格材材质标准

项次	缺陷名称	材质等级	
		VI_c	VII_c
1	振裂和干裂	材面-不长于 600 mm,贯通干裂同裂	贯通:600 mm 长 不贯通:900 mm 长或不大于 $L/4$
2	漏刨	构件的 10%轻度漏刨③	轻度漏刨不超过构件的 5%,包含长达 600 mm 的散布漏刨⑤或重度漏刨④
3	劈裂	b	$1.5b$
4	斜纹:斜率不大于/%	17	25
5	钝棱⑥	$h/4$ 和 $b/4$,全长或每个面等效如果钝棱不超过 $h/2$ 或 $b/3$,$L/4$	$h/3$ 和 $b/3$,全长或每个面等效,不超过 $2h/3$ 或 $b/2$,$\leqslant L/4$
6	针孔虫眼	每 25 mm 的节孔允许 48 个针孔虫眼,以最差材面为准	
7	大虫眼	每 25 mm 的节孔允许 12 个 6 mm 的大虫眼,以最差材面为准	

项次	缺陷名称	材质等级			
		VI$_c$		VII$_c$	
8	腐朽－材心[⑰a]	1/3 截面[⑬]		1/3 截面[⑬]	
9	腐朽－白腐[⑰b]	不允许		$h/3$ 或 $b/3$	
10	腐朽－蜂窝腐[⑰c]	不允许		1/3 体积	
11	腐朽－局部片状腐[⑰d]	不允许		$b/6$[⑭]	
12	腐朽－不健全材	不允许		最大尺寸 $b/12$ 和 50 mm 长,或等效的小尺寸[⑬]	
13	扭曲、横弯和顺弯[⑦]	1/2 中度		轻度	
14	木节和节孔[⑧] 高度/mm	健全节、卷入节和均布节	非健全节松节和节孔[⑩]	任何木节	节孔[⑪]
	40	—	—	—	
	65	19	16	25	19
	90	32	19	38	25
	115	38	25	51	32
	140				
	185				
	235				
	285				

注:

① 目测分等应考虑构件所有材面以及二端。表中 b——构件宽度,h——构件厚度,L——构件长度。

② 除本注解中已说明,缺陷定义详见国家标准《锯材缺陷》(GB/T 4823—1995)。

③ 一系列深度不超过 1.6 mm 的漏刨,介于刨光的表面之间。

④ 全长深度为 3.2 mm 的漏刨(仅在宽面)。

⑤ 全面散布漏刨或局部有刨光面或全为糙面。

⑥ 离材端全面或部分占据材面的钝棱,当表面要求满足允许漏刨规定,窄面上损坏要求满足允许节孔的规定(长度不超过同一等级允许最大节孔直径的二倍),钝棱的长度可为 305 mm,每根构件允许出现一次。含有该缺陷的构件不得超过总数的 5%。

⑦ 见表 5-11 和 5-12,顺弯允许值是横弯的 2 倍。

⑧ 卷入节是被树脂或树皮包围不与周围木材连生的木节,均布节是指在构件任何 150 mm 长度上所有木节尺寸的总和必须小于容许最大木节尺寸的 2 倍。

⑨ 每 1.2m 有一个或数个小节孔,小节孔直径之和与单个节孔直径相等。非健全节是指腐朽节,但不包括发展中的腐朽节。

⑩ 每 0.9m 有一个或数个小节孔,小节孔直径之和与单个节孔直径相等。

⑪ 每 0.6m 有一个或数个小节孔,小节孔直径之和与单个节孔直径相等。

⑫ 每 0.3m 有一个或数个小节孔,小节孔直径之和与单个节孔直径相等。

⑬ 仅允许厚度为 40 mm。

⑭ 假如构件窄面均有局部片状腐,长度限制为节孔尺寸的二倍。

⑮ 不得破坏钉入边。

⑯ 节孔可以全部或部分贯通构件。除非特别说明，节孔的测量方法同节子。

⑰ 腐朽（不健全材）

a. 材心腐朽是指某些树种沿髓心发展的局部腐朽，用目测鉴定。心材腐朽存在于活树中，在被砍伐的木材中不会发展。

b. 白腐是指木材中白色或棕色的小壁孔或斑点，由白腐菌引起。白腐存在于活树中，在使用时不会发展。

c. 蜂窝腐与白腐相似但囊孔更大。含有蜂窝腐的构件较未含蜂窝腐的构件不易腐朽。

d. 局部片状腐是柏树中槽状或壁孔状的区域。所有引起局部状腐的木腐菌在树砍伐后不再生长。

表 5-11 规格材的允许扭曲值

长度 /m	扭曲程度	高度/mm					
		40	65 和 90	115 和 140	185	235	285
1.2	极轻	1.6	3.2	5	6	8	10
	轻度	3	6	10	13	16	19
	中度	5	10	13	19	22	29
	重度	6	13	19	25	32	38
1.8	极轻	2.4	5	8	10	11	14
	轻度	5	10	13	19	22	29
	中度	7	13	19	29	35	41
	重度	10	19	29	38	48	57
2.4	极轻	3.2	6	10	13	16	19
	轻度	6	5	19	25	32	38
	中度	10	19	29	38	48	57
	重度	13	25	38	51	64	76
3	极轻	4	8	11	16	19	24
	轻度	8	16	22	32	38	48
	中度	13	22	35	48	60	70
	重度	16	32	48	64	79	95
3.7	极轻	5	10	14	19	24	29
	轻度	10	19	29	38	48	57
	中度	14	29	41	57	70	86
	重度	19	38	57	76	95	114
4.3	极轻	6	11	16	22	27	33
	轻度	11	22	32	44	54	67
	中度	16	32	48	67	83	98
	重度	22	44	67	89	111	133
4.9	极轻	6	13	19	25	32	38
	轻度	13	25	38	51	64	76
	中度	19	38	57	76	95	114
	重度	25	51	76	102	127	152

长度/m	扭曲程度	高度/mm					
		40	65 和 90	115 和 140	185	235	285
5.5	极轻	8	14	21	29	37	43
	轻度	14	29	41	57	70	86
	中度	22	41	64	86	108	127
	重度	29	57	86	108	143	171
≥6.1	极轻	8	16	24	32	40	48
	轻度	16	32	48	64	79	95
	中度	25	48	70	95	117	143
	重度	32	64	95	127	159	191

表 5-12　规格材的允许横弯值

长度/m	扭曲程度	高度/mm						
		40	65	90	115 和 140	185	235	285
1.2	极轻	3.2	3.2	3.2	3.2	1.6	1.6	1.6
	轻度	6	6	6	5	3.2	1.6	1.6
	中度	10	10	10	6	5	3.2	3.2
	重度	13	13	13	10	6	5	5
1.8	极轻	6	6	5	3.2	3.2	1.6	1.6
	轻度	10	10	10	8	6	5	3.2
	中度	13	13	13	10	10	6	5
	重度	19	19	19	16	13	10	6
2.4	极轻	10	8	6	5	5	3.2	3.2
	轻度	19	16	13	11	10	6	5
	中度	35	25	19	16	13	11	10
	重度	44	32	29	25	22	19	16
3	极轻	13	10	10	8	6	5	5
	轻度	25	19	17	16	13	11	10
	中度	38	29	25	25	21	19	14
	重度	51	38	35	32	29	25	21
3.7	极轻	16	13	11	10	8	6	5
	轻度	32	25	22	19	16	13	10
	中度	51	38	32	29	25	22	19
	重度	70	51	44	38	32	29	25
4.3	极轻	19	16	13	11	10	8	6
	轻度	41	32	25	22	19	16	13
	中度	64	48	38	35	29	25	22
	重度	83	64	51	44	38	32	29

长度 /m	扭曲程度	高度/mm						
		40	65	90	115 和 140	185	235	285
4.9	极轻	25	19	16	13	11	10	8
	轻度	51	35	29	25	22	19	16
	中度	76	52	41	38	32	29	25
	重度	102	70	57	51	44	38	32
5.5	极轻	29	22	19	16	13	11	10
	轻度	57	38	35	32	25	22	19
	中度	86	57	52	48	38	32	29
	重度	114	76	70	64	51	44	38
6.1	极轻	29	22	19	16	13	11	10
	轻度	57	38	35	32	25	22	19
	中度	86	57	52	48	38	32	29
	重度	114	76	70	64	51	44	38
6.7	极轻	32	25	22	19	16	13	11
	轻度	64	44	41	38	32	25	22
	中度	95	67	62	57	48	38	32
	重度	127	89	83	76	64	51	44
7.3	极轻	38	29	25	22	19	16	13
	轻度	76	51	30	44	38	32	25
	中度	114	76	48	67	57	48	41
	重度	152	102	95	89	76	64	57

（3）用作楼面板或屋面板的木基结构板材应进行集中静载与冲击荷载试验和均布荷载试验，其结果应分别符合表 5-13 和表 5-14 的规定。此外，结构用胶合板每层单板所含的木材缺陷不应超过表 5-15 中的规定，并对照木基结构板材的标识。

表 5-13　木基结构板材在集中静载和冲击荷载作用下应控制的力学指标[①]

用途	标准跨度（最大允许跨度）/mm	试验条件	冲击荷载/ (N·m)	最小极限荷载[②]/kN		0.89 kN集中静载作用下的最大挠度[③]/mm
				集中静载	冲击后集中静载	
楼面板	400（410）	干态及湿态重新干燥	102	1.78	1.78	4.8
	500（500）	干态及湿态重新干燥	102	1.78	1.78	5.6
	600（610）	干态及湿态重新干燥	102	1.78	1.78	6.4
	800（820）	干态及湿态重新干燥	122	2.45	1.78	5.3
	1200（1220）	干态及湿态重新干燥	203	2.45	1.78	8.0
屋面板	400（410）	干态及湿态	102	1.78	1.33	11.1
	500（500）	干态及湿态	102	1.78	1.33	11.9

用途	标准跨度（最大允许跨度）/mm	试验条件	冲击荷载/（N·m）	最小极限荷载[2]/kN		0.89 kN 集中静载作用下的最大挠度[3]/mm
				集中静载	冲击后集中静载	
屋面板	600（610）	干态及湿态	102	1.78	1.33	12.7
	800（820）	干态及湿态	122	1.78	1.33	12.7
	1200（1220）	干态及湿态	203	1.78	1.33	12.7

注：

① 单个试验的指标。

② 100%的试件应能承受表中规定的最小极限荷载值。

③ 至少90%的试件的挠度不大于表中的规定值。在干态及湿态重新干燥试验条件下，楼面板在静载和冲击荷载后静载的挠度，对于屋面板只考虑静载的挠度，对于湿态试验条件下的屋面板，不考虑挠度指标。

表 5-14　木基结构板材在均布荷载作用下应控制的力学指标 1

用途	标准跨度（最大允许跨度）/mm	试验条件	性能指标[1]	
			最小极限荷载[2]/kPa	最大挠度[3]/mm
楼面板	400（410）	干态及湿态重新干燥	15.8	1.1
	500（500）	干态及湿态重新干燥	15.8	1.3
	600（610）	干态及湿态重新干燥	15.8	1.7
	800（820）	干态及湿态重新干燥	15.8	2.3
	1200（1220）	干态及湿态重新干燥	10.8	3.4
屋面板	400（410）	干　态	7.2	1.7
	500（500）	干　态	7.2	2.0
	600（610）	干　态	7.2	2.5
	800（820）	干　态	7.2	3.4
	1000（1020）	干　态	7.2	4.4
	1200（1220）	干　态	7.2	5.1

注：

① 单个试验的指标。

② 100%的试件应能承受表中规定的最小极限荷载值。

③ 每批试件的平均挠度应不大于表中的规定值。4.79 kPa 均布荷载作用下的楼面最大挠度，或1.68 kPa 均布荷载。作用下的屋面最大挠度。

表 5-15　结构胶合板每层单板的缺陷限值

缺陷特征	缺陷尺寸/mm
实心缺陷：木节	垂直木纹方向不得超过 76
空心缺陷：节孔或其他孔眼	垂直木纹方向不得超过 76
劈裂、离缝、缺损或钝棱	$l < 400$，垂直木纹方向不得超过 40
	$400 \leq l \leq 800$，垂直木纹方向不得超过 30
	$l > 800$，垂直木纹方向不得超过 25

缺陷特征	缺陷尺寸/mm
上、下面板过窄或过短	沿板的某一侧边或某一端头不超过 4，其长度不超过板材的长度或宽度的一半。
与上、下面板相邻的总板过窄或过短	≤4×200

注：l——缺陷长度。

2）一般项目

本框架各种构件的钉连接、墙面板和屋面板与框架构件的钉连接及屋脊无支座时椽条与搁栅的钉连接均应符合设计要求。按检验批全数检验，用钢尺或游标卡尺量。

5.2 装配式木结构构件进场质量检查与验收

装配式木结构构件进场检测项目应包括尺寸偏差、变形、裂缝、防腐防虫蛀、白蚁活体等内容，木构件典型截面缺陷分布示意如图 5-4 所示。

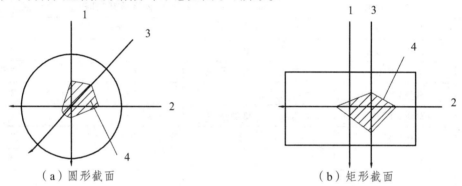

（a）圆形截面　　　　　　　　　　（b）矩形截面

图 5-4　木构件典型截面缺陷分布示意

1—检测方向 1；2—检测方向 2；3—检测方向 3；4—测定的腐朽虫蛀区

5.2.1 木结构构件尺寸偏差检测

（1）单个木构件截面尺寸其偏差检测应符合下列规定：

① 对于等截面构件和截面尺寸均匀变化的变截面构件，应分别在构件的中部和两端量取截面尺寸；对于其他变截面构件，应选取构件端部、截面突变的位置量取截面尺寸；

② 应将每个测点的尺寸实测值与设计图纸规定的尺寸进行比较，计算每个测点尺寸偏差值；

③ 应将构件尺寸的实测值作为该构件截面尺寸的代表值。

（2）批量构件截面尺寸及其偏差的检测应符合下列规定：

① 将同一楼层、结构缝或施工段中设计截面尺寸相同的同类型构件划分为同一检验批；

② 在检验批中随机选取构件，抽样数量应符合现行国家标准《建筑结构检测技术标准》（GB/T 50344）的规定；

③ 按照单个构件的检测要求对每个受检构件进行检测。

（3）对于跨度较大的木构件检测其尺寸及其偏差时，可采用水准仪或全站仪等仪器测量。

5.2.2　木结构构件变形检测

木结构变形检测可分结构整体垂直度、构件垂直度、弯曲变形、跨中挠度等项目；在对木结构或构件变形检测前，宜先清除饰面层；当构件各测试点饰面层厚度接近，且不影响评定结果，可不清除饰面层。

5.2.3　木结构构件裂缝检测

（1）木构件裂缝宽度可采用塞尺和微钻阻力仪检测，并符合下列规定：
① 当木构件裂缝处在外表面部位，裂缝宽度可直接采用塞尺或直尺进行测量；
② 当木构件裂缝处在隐蔽或不利操作检查部位，裂缝宽度宜采用微钻阻力仪进行检测，精确至 0.01 mm。
（2）木构件裂缝深度可采用直尺和超声波法检测，并符合下列规定：
① 当木构件裂缝处在外表面部位可用钢尺量测；
② 当木构件裂缝处在隐蔽或不利操作检查部位，裂缝宽度宜采用超声波法测试；
③ 采用超声波法测裂缝深度时，被测裂缝不得有积水和泥浆等。
（3）构件裂缝长度可用钢尺或卷尺量测。

5.2.4　木结构构件腐朽、虫蛀检测

木构件腐朽、虫蛀等缺陷时可选用木材阻抗仪等微损检测方法检测，并应委托具有相关资质的单位进行。
（1）采用木材阻抗仪对木构件疑似缺陷区进行检测时，其步骤应符合下列规定：
① 检测前应先去除木构件表面的装饰层，使木材待测表面外露，同时探针路径应避开金属连接件等其他材质区域；
② 检测过程中应保持仪器的稳定性，当探针到达预定钻深后应停止操作，并按住反向按钮后，方可再启动仪器将探针完全拔出；
③ 木材检测宜在垂直于木构件的长度方向进行，检测过程中应保证探针始终处于木材待检平面内，同时保持探针进入木材的角度不变；
④ 对木构件中贴近楼面、地面等不易进行垂直于构件长度方向检测的部位，可在木材阻抗仪端部安装 45°钻孔适配器进行斜向检测；
⑤ 对矩形和圆形截面木材，应选择相互垂直且通过截面中心的两个方向进行检测；
⑥ 当木构件截面或缺陷形状显著不规则时，应适当增加探针路径以更准确地判断木材内部质量状况，但探针路径总数不宜超过 4 条；
⑦ 木材阻抗仪检测完成后，应在测孔处及时灌入木结构用胶封堵密实。
（2）采用木材阻抗仪对木构件疑似缺陷区检测完成后，应根据同一截面获取的多条阻抗曲线进行木材质量综合分析，并应绘制该截面的木材缺陷分布图，分布图样式应符合图 5-4

的规定。当被测木构件有多个检测截面时，应分别绘制各截面的木材缺陷分布图，并应综合评定木材内部缺陷。

5.2.5　木结构构件白蚁活体检测

木结构白蚁活体检测可采用温度检测、湿度检测和雷达检测等方法，检测发现下列情况之一时，判断有白蚁：

（1）温度检测时，温差变化幅度在 2°～3°；

（2）湿度检测时，湿度变化在 10%～30%；

（3）雷达检测时，振动图谱波动幅度大于 2 gain。

5.3　装配式木结构连接检测

木结构施工过程质量检测主要是连接检测（图 5-5），连接检测应包括螺栓连接、齿连接、榫卯连接、植筋连接和金属连接件连接等内容。

图 5-5　木结构连接

5.3.1　螺栓连接检测

（1）普通螺栓连接应符合下列规定：

① 螺栓孔径不应大于螺栓杆直径 1 mm，也不应小于或等于螺栓杆直径；

② 螺帽下应设钢垫板，其规格除应符合设计文件的规定外，厚度不应小于螺杆直径的 3%；方形垫板的边长不应小于螺杆直径的 3.5 倍，圆形垫板的直径不应小于螺杆直径的 4 倍，螺帽拧紧后螺栓外露长度不应小于螺杆直径的 80%。螺纹段剩留在木构件内的长度不应大于螺杆直径的 1.0 倍；

③ 连接件与被连接件间的接触面应平整，拧紧螺帽后局部缝隙宽度不应超过 1 mm；

④ 检测数量应按照检验批全数检测。

（2）高强度螺栓连接检测

高强度螺栓副终拧后，螺栓丝扣外露应为 2～3 扣，其中允许有 10% 的螺栓丝扣外露 1 扣或 4 扣。观察检查时，数量应按照节点数抽查 10%，且不应小于 10 个。

螺栓连接的检测结果应符合现行国家标准《木结构工程施工质量验收规范》(GB 50206)、《木结构设计规范》(GB 50005) 以及《胶合木结构技术规范》(GB/T 50708) 的规定。

5.3.2 齿连接检测

（1）齿连接应符合下列规定：

①除应符合设计文件的规定外，承压面应与压杆的轴线垂直。单齿连接压杆轴线应通过承压面中心；双齿连接，第一齿顶点应位于上、下弦杆上边缘的交点处，第二齿顶点应位于上弦杆轴线与下弦杆上边缘的交点处，第二齿承压面应比第一齿承压面至少深 20 mm；

②承压面应平整，局部隙缝不应超过 1 mm，非承压而应留外口约 5 mm 的楔形缝隙；

③桁架支座处齿连接的保险螺栓应垂直于上弦杆轴线，木腹杆与上、下弦杆间应有扒钉扣紧；

④桁架端支座垫木的中心线，方木桁架应通过上、下弦杆净截面中心线的交点；原木桁架则应通过上、下弦杆毛截面中心线的交点。

（2）齿连接检测可采用目测、丈量检测等方法，检测数量应按照检验批全数检测。

5.3.3 榫卯连接完整性检查

（1）榫卯连接应进行完整性检查并记录，检查应包括下列内容：

①腐朽、虫蛀；

②榫头可见部位存在裂缝、折断、残缺；

③卯口周边劈裂；

④节点松动。

（2）榫卯连接拔榫量测量应符合下列规定：

①构件各表皮拔榫量不一致时，应取大值；

②柱与梁、枋（檩）之间脱榫率临界值应符合表 5-16 的规定

表 5-16 榫卯脱榫率临界值

结构形式	抬梁式	穿斗式	设防烈度为 8 度 9 度时
脱榫率	0.4	0.5	0.25

（3）榫卯间隙测量应符合下列规定：

①应采用楔形塞尺测量榫头与卯口之间各边的空隙尺寸。斗拱构件的榫卯间隙允许偏差为 1 mm，其他榫卯节点的允许间隙应符合表 5-17 的规定；

②对于榫卯无空隙处，应检查并记录是否存在局压破坏（局部凹陷、木纤维发生褶皱、局部纤维剪断等情形）；

③应检测榫卯倾斜转角与主构件倾斜转角是否一致，如不一致应补充检查榫头是否有折断点；

④应测量榫头或卯口处的压缩变形，横纹压缩变形量不应超过 4 mm。

表 5-17 榫卯结构节点的间隙允许偏差

柱径	<200	200~300	300~500	>500
允许偏差/mm	3	4	6	8

5.3.4 木结构植筋连接检测

木结构植筋连接应进行现场抗拔承载力检测，并应符合下列规定：

（1）植筋抗拔承载力现场非破坏性检验可采用随机抽样办法取样；

（2）同规格，同型号，基本相同部位的锚栓组成一个检验批。抽取数量按每批植筋总数的 1‰ 计算，且不少于 3 根。

5.3.5 金属连接件连接的检测

金属连接件连接的检测应符合下列规定：

（1）应对各种金属连接件的类别、规格尺寸、数量等进行全面检测，并应符合设计文件的规定；

（2）应对金属连接件的安装位置和方法、安装偏差、变形、松动以及金属齿板的板齿拔出等进行全面检测，可采用观察法或用卡尺进行测量，并应符合设计文件和现行国家标准《木结构工程施工质量验收规范》（GB 50206）的规定；

（3）应对连接处木构件之间的缝隙，以及连接处木构件受压抵承面之间的局部间隙进行抽样检测，可用卡尺或塞尺进行测量，并应符合现行国家标准《木结构工程施工质量验收规范》（GB 50206）的规定；

（4）对金属齿板连接，还应对连接处木材的表面缺陷面积和板齿倒伏面积，以及齿板连接处木材的劈裂情况等进行抽样检测，可采用观察法或用卡尺测量，并应符合现行国家标准《木结构工程施工质量验收规范》（GB 50206）的规定。

练 习

1. 木结构构件进场检测项目有哪些？
2. 木结构构件裂缝如何检测？
3. 采用木材阻抗仪对木构件疑似缺陷区进行检测时，应按照何种步骤进行？
4. 木结构连接检测的内容有哪些？
5. 木结构齿连接检测的数量和方法有何要求？

6 内外围护结构及设备管线系统检测

6.1 外围护系统检测

外围护系统检测应包括预制外墙、外门窗、建筑幕墙、屋面等相关性能的检测。承接装配式住宅建筑外围护结构检测工作的检测机构，应符合相应地区建筑主管部门规定的相关能力要求。按本标准进行检测的人员，应经过专业技术培训并取得相应技术证书。

6.1.1 预制外墙检测

预制外墙应进行抗压性能、层间变形、撞击性能、耐火极限等检测，并应符合现行相关国家、行业标准的规定。装配式混凝土建筑外墙板接缝密封胶的外观质量检测应包括气泡、结块、析出物、开裂、脱落、表面平整度、注胶宽度、注胶厚度等内容，可用观察或尺量的方法进行检测。

预制外墙应进行锚栓抗拉拔强度检测，锚栓抗拉拔强度的仪器应符合下列规定：

（1）拉拔仪需经有关部门计量认可；

（2）拉拔仪的读数分辨率宜为 0.01 kN，最大荷载宜为 5 ~ 10 kN；

（3）拉拔仪拉拔锚栓应配有合适的夹具，满足现场拉拔行程及受力接触的要求。

锚栓拉拔强度检测前应进行下列准备工作：

（1）钻洞用冲击钻钻头应配置适当；

（2）钻洞深度应大于锚栓长度减去保温层厚度之差加 10 mm；

（3）应选择不同的典型基层墙体钻洞进行锚栓拉拔试验。

预埋件与预制外墙连接应符合下列规定：

（1）连接件、绝缘片、紧固件的规格、数量应符合设计要求；

（2）连接件应安装牢固，螺栓应有防松脱措施；

（3）连接件的可调节构造应用螺栓牢固连接，并有防滑动措施；

（4）连接件与预埋件之间的位置偏差使用钢板或型钢焊接调整时，构造形式与焊缝应符合设计要求；

（5）预埋件、连接件表面防腐层应完整、不破损。

检验预埋件与幕墙连接，应在预埋件与幕墙连接节点处观察，手动检查，并应采用分度值为 1 mm 的钢直尺和焊缝量规测量。

装配式住宅建筑外围护系统外饰面粘结质量的检测应包括饰面砖、石材外饰面的外观缺陷和空鼓率检测等内容。外观缺陷可采用目测或尺量的方法检测；空鼓率可采用敲击法或红外热像法检测，红外热像法检测按现行行业标准《红外热像法检测建筑外墙饰面粘结质量技术规程》（JGJ/T 277）执行。

预制外墙板接缝的防水性能采用现场淋水试验进行检测，检测方法应符合现行行业标准《建筑防水工程现场检测技术规范》（JGJ/T 299）的规定。

装配式住宅建筑外围护系统涂装材料外观质量的检测，应符合现行国家标准《建筑装饰装修工程质量验收规范》（GB 50210）的规定。

预制外墙的安装完后应进行安装偏差检测，其允许偏差及检测方法应符合表6-1的规定。

表6-1　预制外墙安装允许偏差

项目		允许偏差/mm	检测方法
垂直度	≤6 m	5	经纬仪或吊线、尺量
	>6 m	10	
相邻构件的平整度	外墙	5	2 m靠尺和塞尺量
	内墙	8	
接缝宽度		±5	尺量

6.1.2　外门窗检测

外门窗应进行气密性、水密性、抗风性能的检测。检测方法应符合现行国家标准《建筑外门窗气密、水密、抗风压性能分级及检测方法》（GB/T 7106）的规定。

外门窗进行检测前，应对受检外门窗的观感质量应进行目检，并应连续开启和关闭受检外门窗 5 次。当存在明显缺陷时，应停止检测。每樘受检外门窗的检测结果应取连续三次检测值的平均值。外窗气密性能的检测应在受检外窗几何中心高度处的室外瞬时风速不大于 3.3 m/s 的条件下进行。

外门窗的检测要求应符合下列规定：

（1）外门窗洞口墙与外门窗本体的结合部应严密；

（2）外窗口单位空气渗透量不应大于外窗本体的相应指标。

6.1.3　建筑幕墙检测

建筑幕墙的检测项目及方法应符合现行行业标准《建筑幕墙工程检测方法标准》（JGJ/T 324）的规定。

建筑幕墙进行现场检测时，应根据检测方案现场抽取具备检测条件的幕墙试件。检测组批及抽样数量应符合现行行业标准《建筑幕墙工程检测方法标准》（JGJ/T 324）的规定，并应满足性能评定的最少数量要求。

6.1.4　屋面检测

屋面应进行平整度、防水性能、排水性能等检测。检测方法应符合现行行业标准《建筑防水工程现场检测技术规范》（JGJ/T 299）的规定。

屋面施工完毕后，应进行蓄水试验。蓄水试验时应封堵试验区域内的排水口，且应符合下列规定：

（1）最浅处蓄水深度不应小于 25 mm，且不应大于立管套管和防水层收头的高度；

（2）蓄水试验时间不应小于 24 h，并应由专人负责观察和记录水面高度和背水面渗漏情况；

（3）出现渗漏时，应立即停止试验。

蓄水试验发现渗漏水现象时，应记录渗漏水具体部位并判定该测区不合格。

屋面施工完毕后应进行排水性能检测。排水系统应迅速、及时地将雨水排至雨水灌渠或地面，且不应积水。

6.2 设备与管线系统检测

6.2.1 一般规定

装配式住宅建筑设备与管线系统的检测应包括给水排水、采暖通风与空调、燃气、电气及智能化等内容。

管道检测评估应按下列基本程序进行：

（1）接受委托；

（2）现场踏勘；

（3）检测前的准备；

（4）现场检测；

（5）内业资料整理、缺陷判读、管道评估；

（6）编写检测报告。

6.2.2 给水排水系统检测

检测和评估的单位应具备相应的资质，检测人员应具备相应的资格。

给水排水系统的检测应包括室内给水系统、室内排水系统、室内热水供应系统、卫生器具、室外给水管网、室外排水管网等内容。

给水排水系统检测所用的仪器和设备应有产品合格证、检定机构的有效检定（校准）证书。新购置的、经过大修或长期停用后重新启用的设备，投入检测前应进行检定和校准。

架空地板施工前，架空层内排水管道应进行灌水试验。

排水管道应做通球试验，球径不小于排水管道管径的 2/3，通球率必须达到 100%。

6.2.3 供暖、通风、空调及燃气

空调系统性能的检测内容应包括风机单位风量耗功率检测、新风量检测、定风量系统平衡度检测等。检测方法和要求应符合现行行业标准《居住建筑节能检测标准》JGJ/T 132 的规定。

通风系统检测应包括下列内容：

（1）可对通风效率、换气次数等综合指标进行检测；

（2）可对风管漏风量进行检测；

（3）其他现行国家标准和地方标准规定的内容。

检测用仪器、仪表均应定期进行标定和校正，并应在标定证书有效期内使用。

除另有规定外，检测用仪器、仪表应符合下列规定：

（1）室内环境参数检测使用的主要仪器及其性能参数应符合表 6-2 的规定：

表 6-2　室内环境参数检测仪器及性能参数

序号	测量参数	检测仪器	参考精度
1	空气温度	各类温度计（仪）	不低于 0.5 级 对于换热设备进出口温度要求不低于 0.2 级
2	辐射温度	多功能数设热计	不低于 5 级
3	相对湿度	各类相对湿度仪	不低于 5 级
4	CO	各种 CO 检测仪	不低于 5 级
5	CO_2	各种 CO_2 检测仪	不低于 5 级
6	噪声	声级计	不低于 2 级
7	风速	热线风速仪和热球式电风速仪	不低于 5 级

（2）风系统参数检测使用的主要仪器及其性能参数应符合表 6-3 的规定：

表 6-3　风系统参数检测仪器及性能参数

序号	测量参数	检测仪器	参考精度
1	风速（m/s）	风罩/风速仪	不低于 5 级
2	静压、动压（Pa）	毕托管和微压显示计	不低于 1 级
3	漏风量[m³/（h·m²）]	风管漏风量检测仪	不低于 5 级

（3）空调系统的室内温湿度、风速以及换气次数设计无特殊要求的，宜符合表 6-4 的规定。

表 6-4　空调系统室内参数要求

序号	室内温湿度参数及其他参数要求	换气次数/（次/h）	风速/（m/s）
空调	冬季 18～24 ℃，30%～60% 夏季 22～28 ℃，40%～65%	不宜小于 5 次	冬季不应大于 0.2 夏季不应大于 0.3

风管允许漏风量应符合现行国家标准《通风与空调工程施工质量验收规范》GB 50243 的规定。

室内空气中 CO 卫生标准值应小于或等于 10 mg/m³（4 ppm）。室内空气中 CO_2 卫生标准值应小于或等于 0.10%（1 000 ppm 或 2 000 mg/m³）。

空调机组噪声的合格判据应符合表 6-5 的规定，其他设备的噪声应符合相应产品的标准、规范的要求。

通风与空调系统的综合性能的应测项目，按照抽检数量其检测结果应合格。

表 6-5 空调机组噪声限值表

额定风量/（m³/h）	2 000～5 000	6 000～10 000	15 000～25 000	30 000～60 000	80 000～160 000
噪声限值/dB（A）	65	70	80	85	90

装配式住宅建筑采暖通风与空调系统的检测除应符合本标准的规定外，尚应符合现行行业标准《采暖通风与空气调节工程检测技术规程》（JGJ/T 260）的规定。

燃气管道焊缝外观质量应采用目测方式进行检测。对接焊缝内部质量可采用射线探伤检测，检测方法应符合现行国家标准《无损检测金属管道熔化焊环向对接接头射线照相检测方法》（GB/T 12605）的规定，且焊缝质量不应小于Ⅲ级焊缝质量标准。

燃气系统的检测应包括室内燃气管道、燃气计量表、燃具和用气设备，检测方法应符合现行行业标准《城镇燃气室内工程施工与质量验收规范》（CJJ 94）的规定。

6.2.4 电气和智能化

设备与管线各项指标的检测结果符合设计要求可判定为合格。安装质量检测应包括下列内容：

（1）缆线在入口处、电信间、设备间的环境检测；

（2）电信间、设备间设备机柜和机架的安装质量；

（3）电缆桥架和线槽布放质量的检测；

（4）缆线暗敷安装质量的检测；

（5）配线部件和8位模块式通用插座安装质量的检测；

（6）缆线终接质量的检测。

安装质量的检测应采用下列方法：

（1）检查随工检验记录和隐蔽工程验收记录；

（2）现场检查系统施工质量。

装配式住宅建筑的电气系统的检测方法应符合现行国家标准《建筑电气工程施工质量验收规范》（GB 50303）的规定。装配式住宅建筑的防雷与接地应全数检查。符合设计要求为合格，合格率应为100%。

防雷与接地系统检测应包括下列项目：

（1）防雷与接地的引接；

（2）等电位连接和共用接地；

（3）增加的人工接地体装置；

（4）屏蔽接地和布线；

（5）接地线缆敷设。

防雷与接地的检测应符合下列要求：

（1）检查防雷与接地系统的验收文件记录；

（2）等电位连接和共用接地的检测应符合下列要求：

检查共用接地装置与室内总等电位接地端子板连接，接地装置应在不同处采用 2 根连接导体与总等电位接地端子板连接；其连接导体的截面积，铜质接地线不应小于 35 mm²，钢质接地线不应小于 80 mm^2；

检查接地干线引至楼层等电位接地端子板等电位接地端子板，局部等电位接地端子板与预留的楼层主钢筋接地端子的连接情况。接地干线采用多股铜芯导线或铜带时，其截面积不应小于 16 mm^2，并检查接地干线的敷设情况；

检查楼层配线柜的接地线，应采用绝缘铜导线，其截面积不应小于 16 mm^2；

采用便携式数字接地电阻计实测或检查接地电阻测试记录，检查接地电阻值应符合设计要求，防雷接地与交流工作接地、直流工作接地、安全保护接地共用 1 组接地装置时，接地装置的接地电阻值必须按接入设备中要求的最小值确定；

检查暗敷的等电位连接线及其他连接处的隐蔽工程记录应符合竣工图上注明的实际部位走向；

检查等电位接地端子板的表面应无毛刺、无明显伤痕、无残余焊渣，安装应平整端正、连接牢固；接地绝缘导线的绝缘层应无老化龟裂现象；接地线的安装应符合设计要求。

（3）智能化人工接地装置的检测应符合下列要求：

① 采用检查验收记录，检查接地模块的埋设深度、间距和基坑尺寸；

② 接地模块顶面埋深不应小于 0.6 m，接地模块间距不应小于模块长度的 3 ~ 5 倍；

③ 接地模块埋设基坑的尺寸宜采用模块外表尺寸的 1.2 ~ 1.4 倍，且在开挖深度内应有地层情况的详细记录；

（4）检查设备电源的防浪涌保护设施和其与接地端子板的连接；

（5）设备的安全保护接地、信号工作接地、屏蔽接地、防静电接地和防浪涌保护器接地等，均应连接到局部等电位接地端子板上；

（6）智能化系统接地线缆敷设的检测应符合下列要求：

① 接地线的截面积、敷设路由、安装方法应符合设计要求；

② 接地线在穿越墙体、楼板和地坪时应加装保护管。

装配式住宅建筑的防雷与接地检测方法应符合现行国家标准《建筑物防雷装置检测技术规范》（GB/T 21431）的规定。

6.3 内装系统检测

装配式住宅建筑内装系统的检测应包括内装部品系统、室内环境质量等内容。内装部品系统安装完成 7 d 后，在交付使用前应对功能区间进行室内环境质量检测。

当被抽检室内环境污染物浓度的全部检测结果符合要求时，可判定室内环境质量合格。被抽检住宅室内环境污染物浓度检测不合格的，必须进行整改。再次检测时，检测数量增加 1 倍，并应包含原不合格房间和及其同类型房间，再次检测结果全部符合要求时，可判定室内环境质量合格。

6.3.1 内装部品系统

装配式住宅建筑内装部品系统的检测应包括轻质隔墙系统、吊顶系统、地面系统、墙面系统、集成厨卫系统、固定家具与内门窗等。

轻质隔墙系统和墙面系统检测内容和要求应符合下列规定：

（1）固定较重设备和饰物的轻质隔墙，应对加强龙骨、内衬板与主龙骨的连接可靠性进行检测；预埋件位置、数量应符合设计要求；

（2）用手摸和目测检测隔墙整体感观，隔墙表面应平整光滑、色泽一致、洁净、无裂缝，接缝应均匀、顺直；

（3）用手扳和目测检测墙面板关键连接部位的安装牢固度，且墙面板应无脱层、翘曲、折裂及缺陷。

吊顶系统的检测内容和要求应符合表 6-6 的规定：

表 6-6　吊顶系统检测内容和要求

序号	检测项目		检测要求及偏差			检测方法
1	标高、尺寸、起拱、造型		符合设计要求			目测、尺量
2	吊杆、龙骨、饰面材料安装		安装牢固			目测、手扳
3	石膏板接缝质量		安装双层石膏收时,面层板与基层板的接缝应错开并不得在同一根龙骨上接缝			目测
4	材料表面质量		饰面材料表面应洁净,色泽一致,不得有翘曲裂缝及缺损,压条应平直宽窄一致			目测
5	吊顶上设备安装		位置应符合设计要求,与饰面板交接应吻合严密			目测
			纸面石膏板/mm	金属板/mm	木板、人造木板/mm	
6	暗龙骨吊顶	表面平整度	3	2	2	2 m 靠尺和塞尺检测
7		接缝直线度	3	1.5	3	5 m 拉线或钢直尺检测
8		接缝高低差	1	1	1	2 m 钢尺或塞尺检测
9	明龙骨吊顶	表面平整度	3	2	2	2 m 靠尺和塞尺检测
10		接缝直线度	3	2	3	5 m 拉线或钢直尺检测
11		接缝高低差	1	1	1	2 m 钢尺或塞尺检测

地面系统的检测内容和要求应符合表 6-7 的规定：

表 6-7　地面系统检测内容和要求

序号	检测项目		检测要求及偏差	检测方法
1	面层质量		表面洁净、色泽一致、无划痕损坏	目测
2	整体观感	整体振动	无振动感	感观
3		局部下沉	无下沉、柔软感	脚踩
4		噪声	无噪声	脚踩、行走
5	表面平整度、接缝质量	表面平整度	3 mm	水平仪检测
6		衬板间隙	10～15 mm	钢尺检测
7		衬板与周边墙体间隙	5～15 mm	钢尺检测
8		缝格平直	3 mm	拉 5 m 线和钢尺检测
9		接缝高低差	0.5 mm	钢尺和楔形塞尺检测

集成厨卫系统应包括集成厨房系统和集成卫浴系统，检测内容和要求应符合表 6-8 和表 6-9 的规定：

表 6-8 集成厨房系统检测内容和要求

序号	检测项目		检测要求及偏差	检测方法
1	橱柜和台面等外表面		表面应光洁平整，无裂纹、气泡，颜色均匀，外表没有缺陷	目测
2	洗涤池、灶具、操作台、排油烟机等设备接口		尺寸误差满足设备安装和使用要求	钢尺检测
3	厨柜与顶棚、墙体等处的交接、嵌合，台面与柜体结合		接缝严密，交接线应顺直、清晰	目测
4	柜体	外形尺寸	3	钢尺检测
5		两端高低差	2	钢尺检测
6		立面垂直度	2	激光仪检测
7		上、下口垂直度	2	
8		柜门并缝或与上部及两边间隙	1.5	钢尺检测
9		柜门与下部间隙	1.5	钢尺检测

表 6-9 集成卫浴系统检测内容和要求

序号	检测项目	检测要求及偏差	检测方法
1	外表面	表面应光洁平整，无裂纹、气泡，颜色均匀，外表没有缺陷	目测
2	防水底盘	+5 mm	钢尺检测
3	壁板接缝	平整，胶缝均匀	目测
4	配件	外表无缺陷	目测、手扳

集成厨卫系统其他性能检测应符合现行行业标准《住宅整体卫浴间》（JG/T 184）和《住宅整体厨房》（JG/T 184）的规定。

固定家具应检测其牢固度，可用手扳检测。

内门窗系统检测内容和要求应符合表 6-10 的规定。

表 6-10 内门窗系统检测内容和要求

序号	检测项目	检测要求及偏差	检测方法
1	启闭	开启灵活、关闭严密，无倒翘	目测、开启和关闭检查、手扳检测
2	外表面	无划痕	目测、钢尺检测
3	配件安装质量	安装完好	目测、开启和关闭检查、手扳检测
4	密封条	安装完好，不应脱槽	目测
5	门窗对角线长度差	3 mm	钢尺检测
6	门窗框的正、侧面垂直度	2 mm	垂直检测尺检测

6.3.2 室内环境检测

装配式住宅建筑室内环境检测应包括空气质量检测、声环境质量检测、光环境质量检测和热环境质量检测。

空气质量检测应包括氡、甲醛、苯、氨和总挥发性有机化合物（TVOC）的检测，检测方法应符合下列规定：

（1）氡检测的测量结果不确定度不应大于 25%，所选方法的探测下限不应大于 10 Bq/m³；

（2）甲醛检测可采用酚试剂分光光度法、简便取样仪器检测方法等，检测结果应符合现行国家标准《民用建筑工程室内环境污染控制规范》（GB 50325）的规定；

（3）苯和总挥发性有机化合物（TVOC）的检测方法应符合现行国家标准《民用建筑工程室内环境污染控制规范》（GB 50325）的规定；

（4）氨检测可采用靛酚蓝分光光度法，检测结果应符合现行国家标准《民用建筑工程室内环境污染控制规范》（GB 50325）的规定。

空气质量检测点数应符合表 6-11 的规定，且应符合下列规定：

（1）当房间内有 2 个及以上检测点时，应采用对角线、斜线、梅花状均衡布点，并取各点检测结果的平均值作为该房间的检测值；

（2）检测点应距内墙面不小于 0.5 m、距楼地面高度 0.8～1.5 m。检测点应均匀分布，避开通风道和通风口。

表 6-11　空气质量检测点数设置

房间使用面积 A/m²	检测点数/个
$A<50$	1
$50 \leqslant A<100$	2
$100 \leqslant A<500$	不少于 3

空气质量检测要求应符合下列规定：

（1）甲醛、苯、氨、总挥发性有机化合物（TVOC）浓度检测时，检测应在对外门窗关闭 1 h 后进行。对甲醛、氨、苯、TVOC 取样检测时，固定家具应保持正常使用状态；

（2）氡浓度检测时，应在房间的对外门窗关闭 24 h 以后进行。

空气质量检测时所检测污染物的浓度限量应符合表 6-12 的规定。

表 6-12　空气中污染物浓度限量

检测项目	浓度限量
氡/（Bq/m³）	≤200
甲醛/（mg/m³）	≤0.08
苯/（mg/m³）	≤0.09
TVOC/（mg/m³）	≤0.2
氨/（mg/m³）	≤0.5

注：

① 表中污染物浓度测量值，除氡外均指室内测量值扣除同步测定的室外上风向空气测量值（本底值）后的测量值。

② 表中污染物浓度测量值的极限判定，采用全数值比较法。

声环境检测要求应符合下列规定：

（1）室外检测点应距墙壁或窗户 1 m 处，距地面高度 1.2 m 以上；

（2）室内检测点应距离墙面和其他反射面至少 1 m，距窗约 1.5 m 处，距地面 1.2～1.5 m 高，且门窗应全打开；

（3）测量应在无雨雪、无雷电天气，风速 5 m/s 以下时进行；

（4）应在周围环境噪声源正常工作条件下测量，视噪声源的运行工况，分昼夜两个时段连续进行；

（5）室内环境噪声限值昼间不应大于 55 dB，夜间不应大于 45 dB。

光环境质量的检测内容和要求应符合现行国家标准《视觉环境评价方法》（GB/T 12454）的规定。热环境质量的检测内容和要求应符合现行国家标准《视觉环境评价方法》（GB/T 12454）的规定。

练　习

1. 预制外墙、外门窗、幕墙、屋面的检测内容分别有哪些？
2. 屋面蓄水试验应如何进行？
3. 管道检测的程序有哪些？
4. 内部部品检测的内容包括哪些？

附　录

附录1　钢结构验收记录表格样式

钢结构原材料及成品进场检验批质量验收记录（钢材）

工程名称			检验部位		
施工单位			项目经理		监理（建设）单位验收意见
执行企业标准名称及编号		《钢结构工程施工质量验收规范》GB 50205—2017			
		施工质量验收规范规定		施工单位检查记录	
主控项目	1	钢材的品种、规格、性能等应符合现行国家产品标准和设计要求。进口钢材应符合设计和合同规定标准的要求			
	2	应进行抽样复验的钢材	国外进口钢材		
			钢材混批		
			板厚≥40 mm，且设计有 Z 向性能要求的厚板		
			建筑结构安全等级为一级，大跨度钢结构中主要受力构件所采用的钢材		
			设计有复验要求的钢材		
			对质量有疑义的钢材		
一般项目	1	钢材厚度及允许偏差应符合其产品标准要求			
	2	型钢的规格尺寸及允许偏差应符合其产品标准要求			
	3	钢材表面质量还应符合	当钢材表面有锈蚀、麻点或划痕等缺陷时，其深度不得大于钢材厚度负允许偏差值的1/2		
			钢材表面的锈蚀等级应符合现行国家标准《涂装前钢材表面锈蚀等级和除锈等级》GB8923规定的 C 级及 C 级以上		
			钢材端边或断口处不应有分层、夹渣等缺陷		
	主控项目：				一般项目：
施工单位检查结果	施工班组长： 专业施工员： 专职质检员：		监理（建设）单位验收结论	专业监理工程师： （建设单位项目专业技术负责人）：	
		年　月　日			年　月　日

钢结构原材料及成品进场检验批质量验收记录（焊接材料）

工程名称				检验部位		
施工单位				项目经理		监理（建设）单位验收意见
执行企业标准名称及编号			《钢结构工程施工质量验收规范》GB 50205—2017			
		施工质量验收规范规定		施工单位检查记录		
主控项目	1	焊接材料的品种、规格、性能等应符合现行国家产品标准和设计要求				
	2	重要钢结构采用的焊接材料应进行抽样复验，复验结果应符合现行国家产品标准和设计要求				
一般项目	1	焊钉及焊接瓷环的规格、尺寸及偏差应符合现行国家标准《圆柱头焊钉》GB 10433 的规定				
	2	焊条外观不应有药皮脱落、焊芯生锈等缺陷，焊剂不应受潮结块				
主控项目：				一般项目：		
施工单位检查结果	施工班组长： 专业施工员： 专职质检员： 年　月　日			监理（建设）单位验收结论	专业监理工程师： （建设单位项目专业技术负责人）： 年　月　日	

钢结构原材料及成品进场检验批质量验收记录（连接用紧固标准件）

工程名称				检验部位		
施工单位				项目经理		监理（建设）单位验收意见
执行企业标准名称及编号			钢结构工程施工质量验收规范　GB50205-2001			
		施工质量验收规范规定		施工单位检查记录		
主控项目	1	钢结构连接用高强度大六角头螺栓连接副、扭剪型高强度螺栓连接副、钢网架用高强度螺栓、普通螺栓、铆钉、自攻钉、拉铆钉、射钉、锚栓（机械型和化学试剂型）、地脚螺栓等紧固标准件及螺母、垫圈等标准配件，其品种、规格、性能等应符合现行国家产品标准和设计要求。高强度大六角头螺栓连接副、扭剪型高强度螺栓连接副出厂时应随箱带有扭矩系数和紧固轴力（预拉力）的检验报告				
	2	高强度大六角头螺栓连接副应按 GB 50205 规范附录 B 的规定检验其扭矩系数，检验结果应符合规范的规定				
	3	扭剪型高强度螺栓连接副应按 GB 50205 规范附录 B 的规定检验其预拉力，检验结果应符合规范的规定				
一般项目	1	高强度螺栓连接副应按包装箱配套供货，箱上应标明批号、规格、数量及生产日期。螺栓、螺母、垫圈表面应涂油保护，不应出现生锈和沾染脏污，螺纹不应损伤				
	2	建筑结构安全等级为一级，跨度 40 m 以上的螺栓球节点钢网架结构，其连接高强度螺栓应进行表面硬度试验，8.8 级高强度螺栓硬度应为 HRC21～29；10.9 级高强度螺栓硬度应为 HRC32～36				
主控项目：				一般项目：		
施工单位检查结果	施工班组长： 专业施工员： 专职质检员： 　　　　年　月　日			监理（建设）单位验收结论	专业监理工程师： （建设单位项目专业技术负责人）： 　　　　年　月　日	

附录2 钢构件检测记录表格

附表2-1 钢结构（钢构件焊接）分项工程检验批质量验收记录

工程名称			检验批部位	
施工单位			项目经理	
监理单位			总监理工程师	
施工依据标准			分包单位负责人	
主控项目	合格质量标准（按本规范）	施工单位检验评分记录或结果	监理（建设）单位验收记录或结果	备 注
1 焊接材料进场	第1.1.1条			
2 焊接材料复验	第1.1.2条			
3 材料匹配	第1.1.3条			
4 焊工证书	第1.1.4条			
5 焊接工艺评定	第1.1.5条			
6 内部缺陷	第1.1.6条			
7 组合焊缝尺寸	第1.1.7条			
8 焊缝表面缺陷	第1.1.8条			
一般项目	合格质量标准（按本规范）	施工单位检验评分记录或结果	监理（建设）单位验收记录或结果	备注
1 焊接材料进场	第1.2.1条			
2 预热和后热处理	第1.2.2条			
3 焊缝外观质量	第1.2.3条			
4 焊缝尺寸偏差	第1.2.4条			
5 凹形角焊缝	第1.2.5条			
6 焊缝感观	第1.2.6条			
施工单位检验评定结果	班组长： 或专业工长： 　　　　年　月　日		质检员： 或项目技术负责人： 　　　年　月　日	
监理（建设）单位验收结论	监理工程师： （建设单位项目技术人员）：　　　　　　　年　月　日			

附表 2-2　钢结构（焊钉焊接）分项工程检验批质量验收记录

工程名称			检验批部位	
施工单位			项目经理	
监理单位			总监理工程师	
施工依据标准			分包单位负责人	
主控项目	合格质量标准（按本规范）	施工单位检验评定记录或结果	监理（建设）单位验收记录或结果	备注
1 焊接材料进场	第 2.1.1 条			
2 焊接材料复验	第 2.1.2 条			
3 焊接工艺评定	第 2.1.3 条			
4 焊后弯曲试验	第 2.1.4 条			
一般项目	合格质量标准（按本规范）	施工单位检验评定记录或结果	监理（建设）单位验收记录或结果	备注
1 焊钉和瓷环尺寸	第 2.2.1 条			
2 焊缝外观质量	第 2.2.2 条			
施工单位检验评定结果	班组长：　　　　　　　　　质检员： 或专业工长：　　　　　　　或项目技术负责人： 　　　　　　年　月　日　　　　　　　　　　年　月　日			
监理（建设）单位验收结论	监理工程师： （建设单位项目技术人员）： 　　　　　　　　　　　　　　　　　　　　　　年　月　日			

附表 2-3 钢结构（普通紧固件连接）分项工程检验批质量验收记录

工程名称			检验批部位	
施工单位			项目经理	
监理单位			总监理工程师	
施工依据标准			分包单位负责人	
主控项目	合格质量标准（按本规范）	施工单位检验评定记录或结果	监理（建设）单位验收记录或结果	备注
1 成品进场	第 3.1.1 条			
2 螺栓实物复验	第 3.1.2 条			
3 匹配及间距	第 3.1.3 条			
一般项目	合格质量标准（按本规范）	施工单位检验评定记录或结果	监理（建设）单位验收记录或结果	备注
1 螺栓紧固	第 3.2.1 条			
2 外观质量	第 3.2.2 条			
施工单位检验评定结果	班组长： 或专业工长： 　　　　年　月　日		质检员： 或项目技术负责人： 　　　　年　月　日	
监理（建设）单位验收结论	监理工程师： （建设单位项目技术人员）： 　　　　年　月　日			

附表 2-4　钢结构（高强度螺栓连接）分项工程检验批质量验收记录

	工程名称			检验批部位	
	施工单位			项目经理	
	监理单位			总监理工程师	
	施工依据标准			分包单位负责人	
	主控项目	合格质量标准（按本规范）	施工单位检验评分记录或结果	监理（建设）单位验收记录或结果	备注
1	成品进场	第4.1.1条			
2	扭矩系数或预拉力复验	第4.1.2条或第4.1.3条			
3	抗滑移系数试验	第4.1.4条			
4	终拧扭矩	第4.1.5条或第4.1.6条			
	一般项目	合格质量标准（按本规范）	施工单位检验评分记录或结果	监理（建设）单位验收记录或结果	备注
1	成品包装	第4.2.1条			
2	表面硬度试验	第4.2.2条			
3	初拧、复拧扭矩	第4.2.3条			
4	连接外观质量	第4.2.4条			
5	摩擦面外观	第4.2.5条			
6	扩孔	第4.2.6条			
7	网架螺栓紧固	第4.2.7条			
施工单位检验评定结果	班组长：　　　　　　　　　　质检员： 或专业工长：　　　　　　　　或项目技术负责人： 　　　　　　　　年　月　日　　　　　　　　　　　年　月　日				
监理（建设）单位验收结论	监理工程师： （建设单位项目技术人员）：　　　　　　　　　　　　　年　月　日				

工程名称			检验批部位	
施工单位			项目经理	
监理单位			总监理工程师	
施工依据标准			分包单位负责人	
主控项目	合格质量标准 （按本规范）	施工单位检验 评分记录或结果	监理（建设）单位 验收记录或结果	备注
1 材料进场	第5.1.1条			
2 钢材复验	第5.1.2条			
3 切面质量	第5.1.3条			
4 矫正和成型	第5.1.4条或第5.1.5条			
5 边缘加工	第5.1.6条			
6 螺栓球、焊接球加工	第5.1.7条和第5.1.8条			
7 制孔	第5.1.9条			
一般项目	合格质量标准 （按本规范）	施工单位检验 评分记录或结果	监理（建设）单位 验收记录或结果	备注
1 材料规格尺寸	第5.2.1条或第5.2.2条			
2 钢材表面质量	第5.2.3条			
3 切割精度	第5.2.4条或第5.2.5条			
4 矫正质量	第5.2.6条、第5.2.7条 和第5.2.8条			
5 边缘加工精	第5.2.9条			
6 螺栓球、焊接球加工精神	第5.2.10条和第5.2.11条			
7 管件加工精	第5.2.12条			
8 制孔精度	第5.2.13条和第5.2.14条			

施工单位检验评定结果	班组长：　　　　　　　　　　质检员： 或专业工长：　　　　　　　　或项目技术负责人： 　　　　　　年　月　日　　　　　　　　　年　月　日
监理（建设）单位验收结论	 监理工程师： （建设单位项目技术人员）： 　　　　　　　　　　　　　　　　　　　　　年　月　日

附表 2-6 钢结构（构件组装）分项工程检验批质量验收记录

工程名称			检验批部位	
施工单位			项目经理	
监理单位			总监理工程师	
施工依据标准			分包单位负责人	
主控项目	合格质量标准（按本规范）	施工单位检验评分记录或结果	监理（建设）单位验收记录或结果	备注
1 吊车梁（桁架）	第 6.1.1 条			
2 端部铣平精度	第 6.1.2 条			
3 外形尺寸	第 6.1.3 条			
一般项目	合格质量标准（按本规范）	施工单位检验评分记录或结果	监理（建设）单位验收记录或结果	备注
1 焊接 H 型钢接缝	第 6.2.1 条			
2 焊接 H 型钢精度	第 6.2.2 条			
3 焊接组装精度	第 6.2.3 条			
4 顶紧接触面	第 6.2.4 条			
5 轴线交点错位	第 6.2.5 条			
6 焊缝坡口精度	第 6.2.6 条			
7 铣平面保护	第 6.2.7 条			
8 外形尺寸	第 6.2.8 条			
施工单位检验评定结果	班组长： 或专业工长： 年　月　日		质检员： 或项目技术负责人： 年　月　日	
监理（建设）单位验收结论	监理工程师： （建设单位项目技术人员）　　　　　　　　　　　　年　月　日			

附表 2-7 钢结构（预拼装）分项工程检验批质量验收记录

工程名称			检验批部位	
施工单位			项目经理	
监理单位			总监理工程师	
施工依据标准			分包单位负责人	
主控项目	合格质量标准 （按本规范）	施工单位检验评定 记录或结果	监理（建设）单位 验收记录或结果	备注
1 多层板叠栓孔	第 7.1.1 条			
一般项目	合格质量标准 （按本规范）	施工单位检验评定 记录或结果	监理（建设）单位 验收记录或结果	备注
1 预拼装精度				

施工单位检验 评定结果	班组长：　　　　　　　　　　质检员： 或专业工长：　　　　　　　　或项目技术负责人： 　　　　　　　年　月　日　　　　　　　　　　　年　月　日
监理（建设）单位 验收结论	监理工程师： （建设单位项目技术人员）　　　　　　　　　　　年　月　日

附表 2-8　钢结构（单层结构安装）分项工程检验批质量验收记录

工程名称			检验批部位	
施工单位			项目经理	
监理单位			总监理工程师	
施工依据标准			分包单位负责人	

	主控项目	合格质量标准（按本规范）	施工单位检验评分记录或结果	监理（建设）单位验收记录或结果	备注
1	基础验收	第8.1.1条、第8.1.2条、第8.1.3条、第8.1.4条			
2	构件验收	第8.1.5条			
3	顶紧接触面	第8.1.6条			
4	垂直度和侧弯曲	第8.1.7条			
5	主体结构尺寸	第8.1.8条			
	一般项目	合格质量标准（按本规范）	施工单位检验评分记录或结果	监理（建设）单位验收记录或结果	备注
1	地脚螺栓精度	第8.2.1条			
2	标记	第8.2.2条			
3	桁架、梁安装精度	第8.2.3条			
4	钢柱安装精度	第8.2.4条			
5	吊车梁安装精度	第8.2.5条			
6	檩条等安装精度	第8.2.6条			
7	平台等安装精度	第8.2.7条			
8	现场组对精度	第8.2.8条			
9	结构表面	第8.2.9条			

施工单位检验评定结果	班组长： 或专业工长： 年　月　日	质检员： 或项目技术负责人： 年　月　日
监理（建设）单位验收结论	监理工程师： （建设单位项目技术人员） 年　月　日	

附表 2-9　钢结构（多层结构安装）分项工程检验批质量验收记录

工程名称			检验批部位	
施工单位			项目经理	
监理单位			总监理工程师	
施工依据标准			分包单位负责人	
主控项目		合格质量标准（按本规范）	施工单位检验评分记录或结果	监理（建设）单位验收记录或结果	备注
1	基础验收	第9.1.1条、第9.1.2条、第9.1.3条、第9.1.4条			
2	构件验收	第9.1.5条			
3	钢柱安装精度	第9.1.6条			
4	顶紧接触面	第9.1.7条			
5	垂直度和侧弯曲	第9.1.8条			
6	主体结构尺寸	第9.1.9条			
一般项目		合格质量标准（按本规范）	施工单位检验评分记录或结果	监理（建设）单位验收记录或结果	备注
1	地脚螺栓精度	第9.2.1条			
2	标记	第9.2.2条			
3	构件安装精度	第9.2.3条和第9.2.4条			
4	主体结构高度	第9.2.5条			
5	吊车梁安装精度	第9.2.6条			
6	檩条等安装精度	第9.2.7条			
7	平台等安装精度	第9.2.8条			
8	现场组对精度	第9.2.9条			
9	结构表面	第9.2.10条			
施工单位检验评定结果	班组长：　　　　　　　　　　　　　质检员： 或专业工长：　　　　　　　　　　或项目技术负责人： 　　　　　　　　年　月　日　　　　　　　　　　年　月　日				
监理（建设）单位验收结论	监理工程师： （建设单位项目技术人员） 　　　　　　　　　　　　　　　　　　　　　　　年　月　日				

附表 2-10　钢结构（网架结构安装）分项工程检验批质量验收记录

工程名称			检验批部位	
施工单位			项目经理	
监理单位			总监理工程师	
施工依据标准			分包单位负责人	
主控项目	合格质量标准（按本规范）	施工单位检验评分记录或结果	监理（建设）单位验收记录或结果	备　注
1	焊接球	第 10.1.1 条和第 10.1.2 条			
2	螺栓球	第 10.1.3 条和第 10.1.4 条			
3	封板、锥头、套筒	第 10.1.5 条第 10.1.6 条			
4	橡胶垫	第 10.1.7 条			
5	基础验收	第 10.1.8 条、第 10.1.9 条			
6	支座	第 10.1.10 条、第 10.1.11 条			
7	拼装精度	第 10.1.12 条、第 10.1.13 条			
8	节点承载力试验	第 10.1.14 条			
9	结构挠度	第 10.1.15 条			
一般项目	合格质量标准（按本规范）	施工单位检验评分记录或结果	监理（建设）单位验收记录或结果	备注
1	焊接球精度	第 10.2.1 条、第 10.2.2 条			
2	螺栓球精度	第 10.2.3 条			
3	螺栓球螺纹精度	第 10.2.4 条			
4	锚栓精度	第 10.2.5 条			
5	结构表面	第 10.2.6 条			
6	安装精度	第 10.2.6 条			

施工单位检验评定结果	班组长：　　　　　　　　　　　质检员： 或专业工长　　　　　　　　　　或项目技术负责人： 　　　　　　　年　月　日　　　　　　　　　　　年　月　日
监理（建设）单位 验收结论	 监理工程师： （建设单位项目技术人员）　　　　　　　　　　　年　月　日

附表 2-11　钢结构（压型金属板）分项工程检验批质量验收记录

	工程名称			检验批部位	
	施工单位			项目经理	
	监理单位			总监理工程师	
	施工依据标准			分包单位负责人	
	主控项目	合格质量标准 （按本规范）	施工单位检验 评分记录或结果	监理（建设）单位 验收记录或结果	备注
1	压型金属板进场	第 11.1.1 条和 第 11.1.2 条			
2	基板裂纹	第 11.1.3 条和 第 11.1.4 条			
3	涂层缺陷	第 11.1.5 条			
4	现场安装	第 11.1.6 条			
5	搭接	第 11.1.7 条			
6	端部锚固	第 11.1.8 条			
	一般项目	合格质量标准 （按本规范）	施工单位检验评分 记录或结果	监理（建设）单位验 收记录或结果	备注
1	压型金属板精度	第 11.2.1 条			
2	轧制精度	第 11.2.2 条 第 11.2.3 条			
3	表面质量	第 11.2.4 条			
4	安装质量	第 11.2.5 条			
5	安装精度	第 11.2.6 条			
施工单位检验评定结果		班组长：　　　　　　　　　　　质检员： 或专业工长：　　　　　　　　　或项目技术负责人： 　　　　　　　年　月　日　　　　　　　　　　　年　月　日			
监理（建设）单位验收结论		监理工程师： （建设单位项目技术人员）　　　　　　　　　　　年　月　日			

附表 2-12　钢结构（防腐涂料涂装）分项工程检验批质量验收记录

	工程名称			检验批部位	
	施工单位			项目经理	
	监理单位			总监理工程师	
	施工依据标准			分包单位负责人	
	主控项目	合格质量标准（按本规范）	施工单位检验评分记录或结果	监理（建设）单位验收记录或结果	备注
1	产品进场	第 12.1.1 条			
2	表面处理	第 12.1.2 条			
3	涂层厚度	第 12.1.3 条			
	一般项目	合格质量标准（按本规范）	施工单位检验评分记录或结果	监理（建设）单位验收记录或结果	备注
1	产品进场	第 12.2.1 条			
2	表面质量	第 12.2.2 条			
3	附着力测试	第 12.2.3 条			
4	标志	第 12.2.4 条			
施工单位检验评定结果	班组长：　　　　　　　　　　质检员： 或专业工长：　　　　　　　　或项目技术负责人： 　　　　　　　　年　月　日　　　　　　　　年　月　日				
监理（建设）单位验收结论	监理工程师： （建设单位项目技术人员）　　　　　　　　　　年　月　日				

附表 2-13　钢结构（防火涂料涂装）分项工程检验批质量验收记录

	工程名称			检验批部位	
	施工单位			项目经理	
	监理单位			总监理工程师	
	施工依据标准			分包单位负责人	
	主控项目	合格质量标准 （按本规范）	施工单位检验 评分记录或结果	监理（建设）单位 验收记录或结果	备注
1	产品进场	第 13.1.1 条			
2	涂装基层验收	第 13.1.2 条			
3	强度试验	第 13.1.3 条			
4	涂层厚度	第 13.1.4 条			
5	表面裂纹	第 13.1.5 条			
	一般项目	合格质量标准 （按本规范）	施工单位检验 评分记录或结果	监理（建设）单位 验收记录或结果	备注
1	产品进场	第 13.2.1 条			
2	基层表面	第 13.2.2 条			
3	涂层表面质量	第 13.2.3 条			
施工单位检验评定结果		班组长 或专业工长： 　　　　　年　月　日		质检员： 或项目技术负责人： 　　　　　年　月　日	
监理（建设）单位验收结论		监理工程师： （建设单位项目技术人员）　　　　　年　月　日			

参考文献

［1］袁锐文，魏海宽. 装配式建筑技术标准条文链接与解读. 北京：机械工业出版社，2016.

［2］中国建筑科学研究院. GB50300 建筑工程施工质量验收统一标准. 北京：中国建筑工业出版社，2014

［3］中国建筑科学研究院. GB50204 混凝土结构工程施工质量验收规范. 北京：中国建筑工业出版社，2014

［4］范幸义，张勇一. 装配式建筑. 重庆：重庆大学出版社，2017.